人脸识别算法、优化与信息安全

王　蒙　刘庆庆　编著

清華大学出版社
北　京

内 容 简 介

本书全面、系统地阐述以人脸识别为代表的信息安全技术，可以降低用户数据信息安全风险。本书主要内容包括人工智能和信息安全概述，挖掘人脸可辨识信息的关键技术，非约束人脸识别、小样本人脸识别、代价敏感人脸、快速正则化联合分类等问题的解决方案，深层局部字典和联合加权核稀疏分类器的构建方案，提升用户信息网络安全性的各种方案，用户信息网络安全的未来等。

本书条理清晰、逻辑性强、内容充实、涵盖范围广，具有较强的学术性和实用性，可供广大人工智能初学者及相关专业的师生学习和参考。

本书封面贴有清华大学出版社防伪标签，无标签者不得销售。
版权所有，侵权必究。举报：010-62782989，beiqinquan@tup.tsinghua.edu.cn。

图书在版编目(CIP)数据

人脸识别算法、优化与信息安全 / 王蒙，刘庆庆编著. —北京：清华大学出版社，2022.10
ISBN 978-7-302-62009-9

Ⅰ.①人… Ⅱ.①王… ②刘… Ⅲ.①面—图像识别—算法—研究 Ⅳ.①TP391.413

中国版本图书馆 CIP 数据核字(2022)第 186328 号

责任编辑：王　军
装帧设计：孔祥峰
责任校对：马遥遥
责任印制：朱雨萌

出版发行：清华大学出版社
　　网　　址：http://www.tup.com.cn，http://www.wqbook.com
　　地　　址：北京清华大学学研大厦 A 座　　邮　　编：100084
　　社 总 机：010-83470000　　邮　　购：010-62786544
　　投稿与读者服务：010-62776969，c-service@tup.tsinghua.edu.cn
　　质 量 反 馈：010-62772015，zhiliang@tup.tsinghua.edu.cn
印 装 者：天津鑫丰华印务有限公司
经　　销：全国新华书店
开　　本：170mm×240mm　　印　　张：11.75　　字　　数：190 千字
版　　次：2022 年 12 月第 1 版　　印　　次：2022 年 12 月第 1 次印刷
定　　价：79.80 元

产品编号：099032-01

前　言

人工智能是计算机科学的一个分支，它的发展并不是一帆风顺的，近年来随着大数据、云计算、机器学习和5G通信等技术的发展，人工智能技术得到快速发展。人工智能技术致力于创造出一种以接近人类思维和行为方式做出响应的智能机器系统，该领域的研究包括机器人控制、语音识别、图像识别、自然语言处理和专家系统等。这些前沿的理论和技术日益成熟，应用领域不断扩展，惠及了信息网络时代的各行各业。可以设想，未来的科技产品将以人工智能为核心，凝聚无穷无尽的人类智慧。

机器学习是人工智能的子领域和技术核心。一个人工智能系统需要具备从原始数据中学习知识的能力，包含很多有影响力的算法和程序，指挥计算机按照既定的模式提取有效特征、学习数据或完成各类任务，因此解决了很多人工智能领域的问题。这种自动学习和应用数据特征的技术提升了人工智能处理大规模数据的能力，也降低了对人工的依赖和成本，顺应大数据时代数据分析的迫切需求，成为各行业和各交叉学科的重要技术支撑。人脸识别技术就是依靠机器学习的各类针对性模式识别算法，完成人工智能在人脸图像理解、分类和预测领域的应用。

人脸识别属于图像识别的范畴，因其具有可以随身携带，不易丢失和被盗取，可以随时随地进行非接触式采集等优点，迅速成为代表性生物信息识别技术，主要进行用户身份和信息的识别。虽然人脸识别技术在众多领域中表现出较强的识别性能和安全性能，但实际应用时仍然有许多困难需要克服，主要包括光照变化，人为遮挡，姿态、表情和年龄的变化，样本数量不足等非约束性情况下的问题。人脸识别技术可用于安防、金融、智慧园区、交通出行、互联网服务等多个场景，在这些应用场景中，需要保障用户的资金交易安全性、账号卡号认证安全性、乘客财产和人身安全性、互动营销安全性，并提升用户的服务体验和服务的便捷性。虽然这些应用在设计之初就采取了较为可靠的安全措施，但信息网络数据保障体系的不完善和安全漏洞难以避免，都可能导致人脸数据的泄露、滥用甚至伪造等情况。因此，提高以人脸识别为代表的人工智能技术水平，可以降低用户信息网络安全风险，有利于促进人工智能生态环境的良性发展。

本书的内容安排大致如下：第 1 章对人工智能和用户信息网络安全进行了概述；第 2 章讨论几种挖掘人脸可辨识信息的关键技术；第 3 章对于非约束人脸识别问题中典型的遮挡问题提出可变人脸遮挡位置探测和迭代恢复的算法，弥补遮挡和光照场景下人脸可辨识信息不足的问题；第 4 章针对小样本人脸识别问题，提出样本组错位原子字典，扩展字典信息量，增强字典编码能力；第 5 章针对代价敏感人脸安全认证问题，提出基于限定表情动作人脸安全认证模型，构建浅层二重字典进行粗略辨识和精细确认；第 6 章提出流形正则化联合核协同表示算法，融合人脸低维空间的流形结构和高维空间的核结构，有效提高了非约束情况下人脸识别性能；第 7 章构建迁移学习模式下的深层局部字典，提取样本深层局部特征，建立分层建模大数据人脸认证模型；第 8 章总结提升用户信息网络安全性的各种方案；第 9 章分析和展望了用户信息网络安全技术的未来。

本书条理清晰、逻辑性强、内容充实、涵盖范围广，具有较强的学术性和实用性。本书内容主要基于以人脸识别为主体的用户信息网络安全性研究，参考了大量的有关文献，感谢本书中所参考和引用资料的有关机构与作者。如果有资料因疏忽而未列出其出处，请原机构或作者及时告知，以便再版时增补。本书引用的部分资料和图表主要用于知识内容的阐述与传授，无侵权意图，特此声明。

本书由王蒙、刘庆庆编著。特别感谢清华大学出版社王军编辑为本书出版所做的大量耐心、细致的工作，特别感谢陈君、闫钰炜、王倩、胡正平、孙哲、赵淑欢对本书编写工作的支持。本书获得泰山学院国家一流专业专项经费资助。

由于编者水平有限，加之用户信息网络安全和人工智能技术发展日新月异，书中如有不足之处，敬请各界同仁批评指正。

编 者

2022 年 7 月

目 录

第 1 章　人工智能和信息安全概述

本章主要内容

- 以人工智能和机器学习为基础的人脸识别技术的发展历史
- 机器学习与人工智能、数据挖掘、信息网络安全之间的关系
- 对以人脸识别为主体的用户信息网络安全技术的展望

1.1　以人脸识别为主体的用户信息网络安全技术

“人工智能”(Artificial Intelligence，AI)这个概念是 1956 年在达特茅斯会议上，由约翰·麦卡锡(John McCarthy，计算机与认证科学家，被称为“人工之智能之父”)、马文·明斯基(Marvin Minsky，人工智能与认知学专家，哈佛大学数学与神经学初级研究员)、克劳德·香农(Claude Shannon，信息论的创始人，贝尔电话实验室数学家)、艾伦·纽厄尔(Allen Newell，计算机科学家)、赫伯特·西蒙(Herbert Simon，诺贝尔经济学奖得主)、纳撒尼尔·罗切斯特(Nathaniel Rochester，IBM 公司计算机的设计师)等首次提出的。他们在此次会议上研究、探讨了如何用计算机算法模仿人类学习和创造，纽厄尔和西蒙还展示了编写的逻辑理论机器。自此以后，“人工智能”这个新兴学科慢慢进入人们的视野。人工智能学科的发展并不是一帆风顺的，历经数年的默默探索，近年来终于在高性能计算机、大数据技术和机器学习模型的支撑下，进入了飞速发展的时期。人们不断钻研智能算法的本质，尝试开发出模拟人类智能和思维的扩展理论与技术，并创造出可以独立学习、独立解决实际问题的智能机器

系统。目前，人工智能的研究涵盖工业机器人系统、计算机视觉、语言识别、图像识别、自然语言处理和专家系统等领域。在当前信息深耕的社会中，人工智能的快速发展已经惠及各行各业，能够为很多应用场景提供识别模式和辅助决策的新方法。同时，人工智能也融入了人们的日常生活。例如，具有语音助理功能的手机，具有自动驾驶功能的汽车，具有人脸识别功能的门禁系统等，都是人工智能技术的产物。

机器学习(Machine Learning，ML)是人工智能出现以后，由 IBM 的游戏设计师亚瑟·塞缪尔(Arthur Samuel)于 1959 年首次提出。目前，机器学习已从实验室的研究扩展到各行各业的实用技术，惠及了一系列与数据密集型问题相关的学科和行业，是人工智能的一个分支，受到了研究人员的广泛关注。机器学习包含数据、算法和模型三个要素，其中数据是输入，算法是对数据的运算，模型是算法处理得到的结果。按照输入数据的特征的不同，机器学习可以分为监督学习和无监督学习两大类。监督学习的数据是带标签的，例如回归问题；而无监督学习是无标签的，例如聚类方法。机器学习是指一个人工智能系统所具备的从原始数据中学习知识的能力，是人工智能的子领域和技术核心，包含很多有影响力的算法和程序，指挥计算机按照既定的模式提取有效特征、学习数据或完成各类任务，解决了很多人工智能领域的问题。这种自动学习和应用数据特征的方法，提升了人工智能处理大规模数据的性能，同时降低了对人工的依赖和成本，满足了大数据时代对数据分析的迫切需求，成为各行业和交叉学科的重要技术支撑。人脸识别(Face Recognition，FR)技术就是依靠机器学习的各类针对性模式识别算法，完成人工智能在人脸图像理解、分类和预测领域的应用，是生物信息识别领域的代表技术之一。

1.1.1 人脸识别技术的引入

人脸识别研究始于 1964 年，随着计算机科学和光学成像技术的发展，直到 20 世纪 90 年代以后才真正进入应用阶段，其中美国、德国和日本的核心算法技术发展最早，也最先进入实用化阶段。人脸识别是图像识别的典型应用，是基于人脸部特征信息进行身份识别的一种应用较广的生物特征识别技术，也是生物特征识别中较难的一种技术。人脸识别是利用高清摄像头实时捕捉、采集含有人脸的图像或视频流，并应用针对性的机器学习算法，自动在图像中检测和跟踪人脸，进而对检测到的人脸进行面部关键特征识别，通常也叫作人像识别、面部识别。人脸与其他生物特征(指纹、掌纹、虹膜、静脉、舌象等)一样与生俱来，它的便携性和不易被复制的良好特性为身份识别提供了可靠的保障；与其他类型的生物识别技术比较，人脸识别技术主要具有如下优势。

(1) 非强制性：无须专门配合人脸采集设备，摄像头可以在人们无察觉的状态下，持续采集不同规格、角度的人脸图像，取样“非强制性”，且快速、方便，易于被人们接受。

(2) 非接触性：用户无须和设备直接接触就能采样成功，降低了交叉接触病毒的风险，安全无伤害，远程也可完成识别任务。

(3) 并发性：可以同时、同步进行多个人脸的分拣及识别，也可进行同一目标的多特征的分类识别(身份、年龄、性别等)和预测(情绪变化、行为趋势、个人喜好等)。

(4) 视觉性：类似人眼凭借外貌识别其他人的特性，可以扩展视觉记忆，大规模数据集的识别不存在视觉疲劳现象。

(5) 操作性：操作简单、无须人工、结果直观、隐蔽性好、可远距离操作。

人脸识别技术与其他生物识别技术的总体对比分析如表 1-1 所示。

表 1-1　人脸识别技术与其他生物识别技术的总体对比分析

生物识别技术	准确性	快捷性	持久性	接触性	强制性	安全性	成本
人脸识别	较高	快	高	否	否	较高	低
指纹识别	高	快	高	是	是	高	中
虹膜识别	较高	中	高	否	是	高	高
语音识别	中	中	中	否	是	中	较高
掌纹识别	较高	中	高	是	是	较高	较高
静脉识别	较高	中	高	否	是	较高	高

传统的人脸识别技术主要基于高清摄像头采集可见光图像的正脸人脸识别和研究方式，已发展了几十年。随着时代的发展，这种传统方式已经不能满足国家和社

会安全性的要求，尤其在环境光照、遮挡、表情、年龄发生变化时，受限于光学成像技术，人脸识别算法的性能会剧烈恶化，无法满足实际环境用户的需求。因此，人脸识别技术还需要优秀的机器学习算法的支撑，并使识别系统具有实用化的识别率、识别速度和并行能力，如图 1-1 所示。近年来发展迅速的一种解决方案是基于主动近红外图像的多光源人脸识别技术。该技术在一定程度上可以克服光线因素的干扰，取得了不错的识别效果，在识别精度、速度和稳定性方面的整体性能超过可以忽略光照干扰的三维人脸识别技术，逐渐使人脸识别技术实用化和商用化。

图 1-1　机器学习算法支持人脸识别场景

人脸的相似性和不稳定性，导致人脸识别问题常被认为是人工智能领域难以解决的研究课题之一。一方面，人脸的结构比较相似，区别不大，且人脸器官的结构、外形都很相似。这种特点如果用于对人脸进行定位是很有帮助的，但是对于借助人脸区分人类个体或区分人类情绪是不利的，即便用人眼识别也会有混淆的情况。另一方面，人脸的外形很不稳定，脸部肌肉的变化可以生成很多表情，而采集图像的角度不同，得到的样本图像也存在很大的差异。另外，人脸识别效果还受光照条件(例如白天和夜晚、室内和室外等)、人脸的遮盖物(例如口罩、墨镜、头发、围巾等)、年龄等多方面因素的影响。人脸识别中，第一类变化称为类间变化(inter-class difference)，应该被放大而作为区分个体的标准；而第二类变化称为类内变化

(intra-class difference)，应该被缩小甚至消除，因为它们其实代表同一个个体的多维特征。在人脸识别过程中，类内变化常常大于类间变化，在受类内变化干扰较大的情况下，利用类间变化来判别样本的类别面临极大的挑战。

1.1.2　人脸识别技术的发展史

经过几十年的研究，人脸识别技术基于人工智能、机器学习、模式识别、模型理论、计算机视觉、图像处理、生物特征识别等多种专业技术，性能不断取得突破性进展。特别是近年来在互联网、大数据、深度学习和云技术的驱动下，随着对安全、快捷的用户身份认证需求的猛增，人脸识别技术的应用场景不断拓展，由安防等公共领域向支付及验证等商业领域逐步扩展，其各类核心算法与理论成为研究的热点问题，并不断推陈出新。人脸识别技术的发展主要经历了 4 个阶段。

1. 第一个发展阶段(1964—1990 年)

这一阶段，人脸识别技术发展比较缓慢，通常只是以人脸空间几何结构特征(geometric feature based)的方法来进行常规几何规律研究，利用人脸特征点及其拓扑关系进行辨识，属于普通的模式识别技术，一旦人脸姿态、光照、表情发生变化，精度会严重下降。这一阶段，人们对人脸面部剪影的结构和曲线进行了很多测量与分析，开启了人脸识别研究的先河。最早的关于人脸识别的研究论文见于 1965 年陈(Chen)和布莱索(Bledsoe)在 Panoramic Research Inc.发表的技术报告，之后卡内基-梅隆大学机器人研究院的教授 Kanade Takeo 在 1973 年完成了第一篇人脸识别方向的博士论文，获得了电子工程学博士学位，他的研究团队至今仍然从事计算机视觉、模式识别、机器人传感器领域的重要研究。人工神经网络也一度被用于解决人脸识别问题，但是受计算机图形学和光学技术的制约，基本处于实验室起步阶段，并没有出现突破性成果，也没有得到实质性应用。

2. 第二个发展阶段(1991—1997 年)

这一阶段，人脸识别研究吸引了非常多的研究人员，取得了很多重要的突破性成果，一些具有代表性的人脸识别算法和人脸数据库，直到现在仍在应用和研究。

美国麻省理工学院的 Turk 等[1]提出主成分分析(Principal Component Analysis，PCA)，通过消除数据的相关性，找到一个空间，使得各个类别的数据在该空间上能够很好地分离，这一思路把主成分分析和统计特征方法引入人脸识别，其中特征脸的提取方法在子空间变换、字典学习、图像识别、重构和降维方面都沿用至今。Brunelli 等[2]对比了基于结构特征和基于模板匹配的人脸识别方法的识别性能，并与特征脸配合，自动提取人脸特征向量进行识别，促进了子空间理论和统计模式识别技术的发展。Huang Chunlin 等[3]也发展了模板匹配方法，采用动态模板和活动轮廓模型结合的方法，控制能量函数范围，提取人脸关键部位轮廓。Belhumeur 等[4]成功地将 Fisher 判别准则引入人脸分类，提出基于 Fisher 脸的线性判别分析(Linear Discriminant Analysis，LDA)，也叫作 Fisher 线性判别(Fisher Linear Discriminant，FLD)，能让投影后目标样本的类间散布矩阵最大化，而类内散布矩阵最小化，使样本在该空间有最佳的可分离性，有效地扩大了类间差异并缩小了类内差异，在人脸特征变化较大时，比 PCA 方法具有更多的类别鉴别信息。LDA 属于一种经典的线性的有监督学习方法，也是一种有效的特征抽取的方式，激励了后续很多扩展和改进算法。弹性图匹配技术(Eastic Graph Matching，EGM)也在这个时期被提出[5]，主要采用由 Gabor 滤波器提取的人脸关键部位特征作为属性，再用不同的边属性连接各顶点形成属性图来描述人脸，最后计算各人脸属性图相似度进行识别，这样应用面部的全局特征建模的方法具有很好的识别效果，但实时性不强。经过几十年的摸索和对大量人脸数据的学习，人工神经网络又重新回到人脸识别研究领域，并可以根据通用人脸特性，在不同空间挖掘人脸特征的潜在属性。Valentin 等[6]比较并联合了主成分分析和神经网络分析，利用自相关神经网络函数，把提取的人脸图像的特征映射到其他多维空间中进行识别分类。Lawrence 等[7]提出了卷积神经网络人脸识别算法，计算样本的相邻像素间的相关性，并加入卷积神经网络进行分层计算，为之后的深度学习网络奠定了基础。隐马尔可夫模型(Hidden Markov Model，HMM)被 Samaria 等[8]应用于人脸识别中，提出了著名的 HMM 人脸模型，把人脸关键部位和数学状态转移模型联系起来，既保持了人脸的全局特征，又考虑了不同关键部位的相关性，更好地对人脸图像进行建模，提升了识别性能。总体来说，这一阶段的人脸识别技术取得了前所未有的进步，提出的算法在一些标准的、中小规模正面人脸数据库(如著名的 FERET 人脸数据库)中达到了不错的识别效果，也出现了一些早期的商用人脸识别系统。需要特别指出的是，这一阶段的人脸识别技术在子空间建模、统计模式识别和神经网络框架学习方面取得了很大的进展，为后来的主流人脸识别技术的发展奠定了基础。这个阶段人脸识别技术发展迅猛，出现了很多经典的 AI 算法和模型，也催生了很多知名的人脸识别商业公司，非理想状态(例如不同光照、姿态)数据的人脸识别问题成为新的热点研究方向。

3. 第三个发展阶段(1998—2007 年)

这个阶段，美国国防部分别于 2000 年和 2002 年组织的两次 人脸识别技术测试(Face Recognition Technology Test，FERET)商业系统评测最为著名，根据这两次评测的结果，研究人员开始把研究重点转向解决光照、姿态、表情、伪装等非理想性采集样本的人脸识别问题。Georghiades 等[9]提出的在图像空间构造光照锥模型的人脸识别方法，解决了不同姿态、光照条件下的人脸识别问题。随着计算机图形学的发展，三维人脸建模也成为这个时期的研究热点，因其可提供比二维图像更多的人脸关键部位信息，因此备受关注。Blanz 等[10]设计了一种基于三维变形(3D Morphable)的模型，利用图像处理和计算机图形学对多姿态和光照图像进行 3D 建模，弱化外部光照和差异，并在 CMU-PIE 和 FERET 等数据库上取得了很好的识别效果。Aharon 等[11]提出了一种经典的字典学习方法 K-SVD 算法，根据误差最小的原则对误差项进行矩阵奇异值分解(Singular Value Decomposition，SVD)，选择使误差最小的分解项作为更新字典的对应原子，并通过不断迭代得到最优的解。这样得到的超完备字典可以提高算法在图像压缩、编码和分类上的应用。Hinton 等[12]在 2006 年提出的深度信念网络(Deep Belief Network，DBN)是神经网络的一个特例，也是一种生成模型，通过训练它的神经元之间的权重值，可以让信念网络按照最大概率逐层初始化生成训练数据。换句话说，不仅可以使用 DBN 识别特征、分类数据，还可以用它来生成数据。支持向量机(Support Vector Machines，SVM)学习技术[13]是一种经典的统计机器学习和神经网络学习方法，是一种区分模型，也在这个时期应用于人脸识别技术中。SVM 学习技术采用最小化结构风险计算超平面，具有优秀的分类和泛化能力。人脸识别是一个多类问题，但支持向量机却是一个二类分类器，因此一般可采用类内/类间差法、一对一法或一对多法将其应用到人脸识别中。可以看出，这个阶段的人脸识别技术取得了丰硕成果，以支持向量机和 3D 人脸建模为主要识别方法，解决了一些光照、姿态等实际问题。

4. 第四个发展阶段(2008 年至今)

经过前三个阶段研究人员的研究和努力，人脸识别技术已经相对成熟，并开始成为社会研究的热点问题。在这个阶段，互联网技术、计算机视觉技术、大数据技术、云存储技术的飞速发展，导致了人脸识别技术的跃进。传统的标准数据库 ORL、AR、Yale、CMU-PIE、FERET 等，已经不能完全满足研究人员解决各种实际非理想采样问题的需求，非约束环境下的人脸识别和安全认证逐渐成为研究重点。大规模的非标准人脸数据库(LFW、GBU 数据库)和视频(YouTube 网站)人脸识别，成为新的挑战。

1) 基于稀疏表示的分类算法

Wright 等[14]于 2009 提出的稀疏表示分类方法(Sparse Representation for Classification，SRC)引入了一种新奇的人脸识别模式，并大幅度提高了遮挡和噪声环境下的识别性能。稀疏表示表明待测样本可被看作所有训练样本的近似线性组合，理想情况下，只有同类样本对应的表示系数是非零的，而其他类样本对应的系数均近似为零，通常称这些系数为稀疏编码系数，具有一定的有规律的稀疏性，最后按照最小系数残差将测试样本归类。这个算法同时证明了一个高维图像可以被一些典型的低维流形同类样本很好地表示出来，它激励了众多后续基于稀疏性的分类模式。很多研究人员把稀疏表示进行扩展，与子空间流形学习、低秩分解、字典学习、核空间技术等相结合，得到很多创新算法，并进一步提升识别性能。Yang Meng 等[15]提出的鲁棒稀疏编码(Robust Sparse Coding，RSC)算法，对原始 Lasso 问题进行改进，求解加权ℓ_1范数约束的线性回归问题，并且采用了 Logistic 函数，迭代估计重加权系数，令异常值像素点的权重值较小，而普通像素点权重值较大，达到在识别过程中逐渐删除这些异常干扰值的效果。他们还在后续的工作中改进了 RSC 算法，提出了正则化鲁棒编码(Regularized Robust Coding，RRC)算法[16]，利用正则化回归系数回归一个给定信号。考虑编码残差和编码系数是独立且分别贡献的，他们用迭代重加权正则化鲁棒编码求解一个最大的后验概率解来有效处理 RRC 算法，RSC 算法实质上是 RRC 算法的一个特例。之后他们又进一步完善 RRC 算法，为算法加入了结构信息，使新算法 SRRC(Structured RRC)算法[17]的鲁棒性更强。Deng Weihong 等提出的扩展 SRC[18]和叠加的 SRC[19]构建了辅助的变化字典去表示训练样本和测试样本间可能的变化。这类字典中的原子是通过计算示例人脸集的样本类间差异得到的，可以很好地解决小样本问题或采样欠缺的人脸问题，特别是人脸连续遮挡问题。还有很多优秀的算法，如核稀疏表示(Kernel Sparse Representation based Classification，KSRC)算法、加权稀疏表示(Weighted Sparse Representation based Classification，WSRC)算法、基于 Gabor 特征稀疏表示(Feature-based Sparse Representation，GSRC)算法、维度降低(Dimensionality Reduction，DR)算法、低秩扩展稀疏表示算法及双稀疏正则表示算法等，都取得了很好的稀疏分类效果。

但稀疏表示应用基于ℓ_1 范数最小化约束方法，在大规模数据集计算时，时间消耗较大。因此，Xu Yong 等提出两步稀疏表示算法[20]，通过在测试样本所在空间寻找其最近邻样本构造最近邻字典，在近邻字典上进行稀疏分类，不仅提高了算法的识别率，而且缩短了时间消耗。另外，Zhang Lei 等[21]提出了在稀疏表示时用ℓ_2 范数代替ℓ_1 范数求解原问题的最小平方正则化协同表示(Collaborative Representation based Classification with Regularized Least Square，CRC_RLS)算法，利用投影矩阵能够非常快地求解问题，提高算法实时性。虽然得到的稀疏系数的稀疏性不如ℓ_1 范数强，但改进了分类准则并利用最小二重解，使其分类性能几乎接近原始ℓ_1 范数最小化问题分类性能，但速度却有了大幅提升。Wang Zhenyu 等[22]把 CRC 算法推广到核空间，通过核结构捕捉图像更多的非线性信息，不但提高了识别率，与同空间的基于ℓ_1 正则化的算法相比，也节约了大量时间。Yang Meng 等[23]把核协同的思想推广到一个多核框架中，多个核与表示系数共同学习，演示了三种复合核结构功能函数，均可以在不同程度上优化核结构，复合核在合理的迭代中收敛，弥补单一核结构的不足。Li Ru 等[24]也利用复合核协同表示去计算空间金字塔匹配方法中不同子区域在表示图像时的权重，使多核协作与空间信息融合解决图像分类任务。这一阶段，由于稀疏表示对遮挡、光照、姿态等人脸识别影响因子处理的有效性，使得很多研究人员的工作开始从标准数据库场景的人脸识别转移到非约束环境的人脸识别，训练样本数量也成倍增加。

2) 基于字典学习的算法

通常情况下，字典学习(Dictionary Learning，DL)和稀疏表示是联合在一起的，字典学习可以提高编码字典的鲁棒性和扩展性，增强稀疏表示性能；反之，稀疏表示也刺激了各种稀疏字典的学习和完善。在这一阶段，字典学习从构造解析型字典逐渐转为构造综合型字典，进一步丰富了字典学习模型，促进了字典学习的多元化发展。考虑样本间存在局部性，Wei Chia-Po 等[25]提出局部敏感性字典学习算法，计算训练样本和测试样本之间的距离量度，在更新字典和稀疏编码时对稀疏表示系数进行局部加权，使字典保持了相互间的局部数据特征，令字典更有代表性并取得了很好的结果。此外，Zhou Wen 等[26]还把字典学习扩展到低秩空间，提出基于稀疏表示的判别性低秩字典学习(DLRD_SR)，通过低秩字典学习的方法对类判别性和秩最小约束的目标函数进行优化，扩展了字典学习的应用，也提升了算法的性能。结合非局部相似性结构和流形结构理论，Lu Xiaoqiang 等[27]整合了低分辨率和高分辨率两种字典的关系，提出了基于几何结构稀疏编码和两步字典训练算法，既保留了字典的几何结构，又保留了数据的稀疏系数。该算法学习得到了具有非相干性字典原子，学习了不同子区域的权重，在超分辨率图像重构上非常有效。Ou Weihua 等[28]提出一个基于结构化字典学习的方法，在字典学习目标函数中加入字典正则化项的相互不相干性，直接把遮挡字典从原训练样本字典中分离出来，这样遮挡的部位可以用遮挡字典有效地表示出来并在分类中排除，扩展字典的大小也比 SRC 小得多。Yang Meng 等[29]通过联合投影把通用训练集和参考示例集联系起来，提取投影空间样本特征构成稀疏变化字典，提高算法在光照和表情发生变化的情况下的识别性能，特别是针对小样本或单样本问题都取得了不错的结果。Xu Yong 等[30]考虑通用人脸的对称性，在原字典里加入镜像对称人脸图像特征，包含了更多人脸、姿态、表情等变化，丰富了字典携带的信息量，使分类精度得到大幅度的提升。Zhang Hongzhi 等[31]在处理小样本人脸识别问题时，提出字典对的稀疏字典扩展方法，把原样本和镜像对称样本组成一个大规模的训练集合，使样本的一些潜在变化信息更显式化，是对 Xu Yong 等所提出的算法的一个扩展。Wu Xia 等[32]提出复合特征核监督类间相似性区分字典学习算法，把复合核学习技术用于字典学习中，利用多核学习获得更优质特征的字典，并在一些大型人脸数据库上验证了其识别性能，测试时间也优于其他算法。这些局部特征描述算子和子空间字典扩展的方法，对人脸光照归一化、人脸姿态校正及遮挡处理等非约束条件下人脸识别技术的发展，起到了不可或缺的作用。

3) 基于深度学习的分类算法

近年来，随着大数据和云计算设备的普及，深度学习理论开始迅速发展，神经网络技术也得到发展，国内外大量高水平文章和技术不断涌现，在计算机视觉、图像分类、语音识别、步态识别、人工智能等领域都取得了瞩目的成果，获得了远超经典方法(甚至人类水平)的识别效果。值得注意的是，在 IEEE CVPR(Conference on Computer Vision and Pattern Recognition) 2013 上，Sun Yi 等利用卷积神经网络进行面部特征点检测，开创了利用深度学习检测面部特征点人脸识别算法的先河[33]，算法采用了 20 万训练数据，在 LFW 人脸数据库上取得了识别率为 98%以上的惊人成绩。紧接着，在 IEEE ICCV(International Conference on Computer Vision)2013、IEEE CVPR 2014、NIPS(Neural Information Processing Systems) 2014、IEEE CVPR 2015 等国际顶尖会议上，他们先后发表 4 篇在人脸识别领域比较有影响力的论文，其中的 3 篇论文都在当时取得了 LFW、YouTube Face 人脸识别测试集上的最好结果，使深度学习方法远远超过了人眼及非深度学习方法在人脸识别上的准确率。这些工作是使用深度学习框架进行人脸识别的开创性的工作和突破。总结起来，一方面，深度学习通过非常难的大规模人脸分类任务训练神经网络，在网络的隐藏层学习有关人脸身份属性的丰富特征，这样习得的人脸特征被称为 DeepID。美国的社交网络服务商 Facebook 也独立研究并提出了类似的方法，称为 DeepFace。DeepID 和 DeepFace 使得深度学习首次在人脸识别问题上优于非深度学习方法，并且识别性能首次在 LFW 数据库上逼近人眼在较紧凑的人脸区域上的识别准确率。另一方面，在人脸分类的同时加入另一个人脸比对的训练信号，这一额外的比对信号使算法在 LFW 数据库上进行人脸识别的错误率减小了 67%，首次在 LFW 上突破 99%的准确率。这种通过联合人脸分类比对学习到的人脸特征表示被称为 DeepID2。DeepID2 工作的一个重要发现是，人脸分类和比对信号的作用恰好分别对应两个解决人脸识别问题至关重要的方面，即增大类内变化和减小类间变化，这也是同时加入这两个监督信号后识别性能获得巨大提升的原因。DeepID3 的提出进一步改进了 DeepID2 和 DeepID2+系列算法，提出了两种非常深的神经网络架构用于人脸表示，在 LFW 上取得了准确率为 99.53%的成绩。另外，Zhang Zhanpeng 等[34]把优化特征点多样检测巧妙地与人脸属性识别联合在一起，并构造了任务限定深度模型，在学习多个复杂任务时，不仅学习任务间的相关性，而且利用动态任务系数来促进优化收敛，提升了处理遮挡和姿态变化时人脸分类的性能。与此同时，还有许多优秀的深度学习算法在提高人脸识别、认证准确率方面表现卓越。这些优秀的算法在网络结构、训练样本规模和统计方法上不断改进，使 LFW 上的识别精度超过了 99.5%。

值得一提的是，在深度学习技术实用化的过程中，由谷歌旗下 DeepMind 公司的戴密斯领衔的团队开发的 AlphaGo 是第一个击败人类职业围棋选手、第一个战胜围棋世界冠军的人工智能程序，其主要工作原理就是深度学习。之后，DeepMind 公司的团队又公布了 AlphaGo Zero 版本，采用了新的强化学习的算法，在学习和竞技中更加强大，并以 100∶0 的战绩击败 AlphaGo，使深度学习有了新的发展。2017 年，斯坦福大学在 *Nature* 上发表论文宣称深度学习进行皮肤癌诊断的精度达专家水平，陆续有 63 亿台移动设备可以配置该深度神经网络的应用，实现低成本的重要诊断。Facebook 展示了一种没有标签帮助的图像识别算法，通过自我监督学习匹配图像，并自动生成标签，过滤不需要的内容，实现了降低人工参与度且提高识别率的目的。在交通运输行业，深度学习可以在帮助车辆感知行人、车辆或其他障碍物方面发挥重要作用，从而有助于自动驾驶车辆的开发。同时，深度学习算法和框架优化也是用户身份网络安全体系下一步研究的方向。

1.1.3 用户信息网络安全性

近年来，众多专题项目和研究论文都表明信号的分类与表示是一个具有高关注度的研究课题。该课题研究的目的是在给定或经学习的超完备字典中用尽可能少的原子来稀疏表示原信号，因此可以在简洁的线性表示中提取信号的有用信息，进一步进行信号处理；相关研究主要集中在稀疏分解扩展算法、稀疏字典学习和稀疏表示的应用等。目前，稀疏表示的具体应用场景基本为自然信号形成的图像、视频、音频以及文本等，可大体划分为两类。

第一类，基于图像重构的应用，例如图像去噪、图像压缩与增强、雷达或光学成像、图像重构以及音频修复等。这些应用主要将样本的特征用若干参数来表示，利用稀疏表示方法得到稀疏向量，根据数学模型进行数据或图像的重构。

第二类，基于图像分类的应用，例如互联网内容审核、音乐理解、图像识别、文本检测、自动标签、同声传译等。这类应用是将目标特征通过稀疏表示构造稀疏向量，根据空间流形的距离量度区分不同类别，达到分类的目的。

在各分类应用中，研究人员比较关注稀疏表示在人脸图像识别中的应用。与其他生物特征，如指纹、掌纹、静脉、手势、虹膜、耳廓、舌象等相比，人脸识别仅利用人脸面部特征就可以进行属性或身份认证和识别。在数据采集方面具有携带方便，非接触性，无须配合，可以快捷、安全地采集，不易盗取，不会对人体产生伤害等优点。采集设备安装简单、性价比高，普通或高清摄像头即可完成数据采集进而识别。在安全性方面，目前在金融、交通、通信、安防、教育、医疗、刑侦等领域，人脸识别都得到广泛认可。在数据量方面，互联网、大数据和云共享的飞速发展，为人脸识别技术提供海量数据源。在技术融合方面，可以轻松地与多模态生物特征识别技术融合，弥补固有单模态识别技术的缺陷和不足。基于这些优势，人脸识别技术在人类社会中得到广泛应用。

(1) 门禁考勤系统(见图 1-2(a))：门禁考勤系统可用于金融部门、公司企业、政府部门、学校课堂等，对来访人员进行身份核实或考勤统计，支持远程控制、访问权限、测温对讲等功能，实现安全和有效的管理。

(2) 安检系统(见图 1-2(b))：火车站、地铁、机场、景区等入口处安装的安检系统，可对旅客进行人脸图像采集与匹配，记录旅客特征并识别特殊人群(嫌疑犯等)，甚至可以分析和判断人的潜在犯罪意图，实施安全管制。

(3) 人脸识别系统(见图 1-2(c))：人脸识别系统可以根据网络数据或监控视频进行网络内容审核、目标跟踪、嫌疑犯识别、潜在犯罪识别，不但可以帮助公安机关进行案件侦破工作，也可以保护人们的生命和财产安全。

(4) 人脸解锁系统(见图 1-2(d))：人脸解锁系统可用于移动设备等，进行人脸解锁、人脸检测、情绪判断、线上课堂、远程登录等，在很大程度上提升了身份认证的可靠性，带给用户全新的体验。

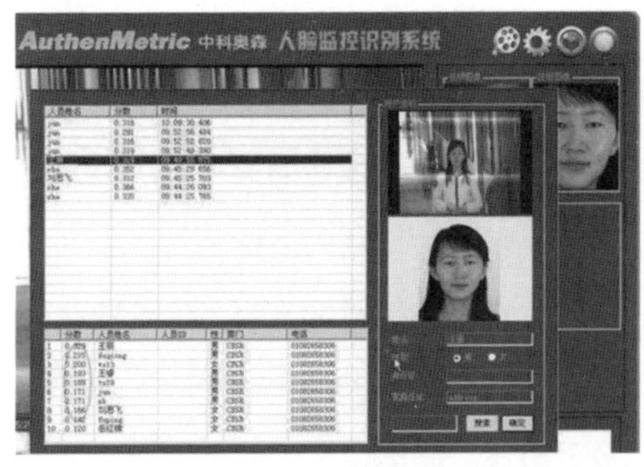

(a) 门禁考勤系统

(b) 安检系统

(c) 人脸识别系统

(d) 人脸解锁系统

图 1-2　人脸识别的应用

(5) 金融系统：各大银行或金融平台，除了通过密码验证身份之外，还需要通过人脸检测确定操作者的真实身份，可以有效防止银行账号或金融账号被盗取，避免造成用户的财产损失，保证用户资金的安全性。

(6) 电信系统：在电信平台入网的新用户或办理补卡业务的老用户，必须在激活过程中上传身份信息后进行人脸视频认证，比对一致后方可办理入网及补卡手续，维护了用户在电信网络空间的合法权益，能够有效防止电信网络诈骗等情况。

(7) 交通出行系统：司机填写个人基础资料后，还需要利用人脸识别功能进行认证才可以进行网约车或顺风车的接单或营销活动。智能车系统还可以通过人脸识别开启智能驾驶模式，实时观察司机的驾驶状态，进一步保证司机和乘客及所载货物的安全。

随着人脸识别技术的迅速发展，“刷脸”逐渐成为新时代生物识别技术应用的主要领域。尤其是 2017 年之后，人脸识别技术更是迎来了井喷式发展，互联网企业基于法律法规的要求及某些业务的需求，纷纷推出账号实名认证功能，并将人脸认证功能集成在相关应用程序(App)中。例如，存取款和消费，进出交通站点，公共场所测温，办理电信或银行业务，处理交通违法，甚至取快递，都可以通过“刷脸”完成。人脸识别已经成为实现城市安全和生活便利的一项重要技术，是生物识别技术的最新应用，也是弱人工智能到强人工智能的体现。安防是较早应用人脸识别技术的领域之一，其市场份额占比约为 30%；人脸识别技术在考勤、门禁领域的应用最为成熟，约占行业市场的 40%；金融和电信业作为人脸识别强制应用的重要领域之一，其市场份额在逐步扩大，目前约占行业的 20%。目前，国内疫情防控的部署越来越完善，人脸识别技术越来越多地被用于考勤设备、门禁设备、测温设备、视频分析设备等多种安防产品，配合大数据技术、物联网技术，可以全面覆盖楼宇、银行、军队、医疗、教育、工农业园区、电子商务及安全防务等众多场景。但是，人脸识别技术在迅猛发展并快速商业化的过程中，也给社会安全带来一系列风险和挑战，个人隐私数据无差别地过度采集、泄露、冒用和滥用等诸多问题的解决刻不容缓。

基于日益扩大的人脸识别的需求和社会对网络信息安全的重视，近年来涌现出的许多优秀的人脸识别算法，在不断提高人脸识别性能的同时，也推动了整个智能识别设备行业的发展。例如，取代 Touch ID 的 Face ID 是早期商用人脸识别解锁设备的代表，该设备所使用的 3D 人脸识别技术可以忽略光照、移动、遮挡、姿态等干扰进行高准确率识别，克服 2D 图像无法表示深度信息的缺点。值得注意的是，大多数人脸识别算法在实验室标准数据库(即约束状态)下可以取得很好的识别效果，但实际环境中会出现外界光照变化、姿态变化、表情差异、年龄跨度、人为伪装、图像分辨率低、样本不足等，获取的人脸数据往往处于非约束状态。因此，如何解决非约束状态下人脸识别问题成为亟需解决的问题，而且具有很大的现实意义和研究价值。

2019 年，工业和信息化部会同有关部门起草的《关于促进网络安全产业发展的指导意见(征求意见稿)》指出：“加强 5G、下一代互联网、工业互联网、物联网、车联网等新兴领域网络安全威胁和风险分析，大力推动相关场景下的网络安全技术产品研发。……重点围绕工业互联网、车联网、物联网新型应用场景，建设网络安全测试验证、培训演练、设备安全检测等共性基础平台。支持构建基于商用密码、指纹识别、人脸识别等技术的网络身份认证体系。”2020年，中国信息通信研究院安全研究所与北京百度网讯科技有限公司(以下简称百度公司)联合发布了《人脸识别技术在App应用中的隐私安全研究报告》，体现了中国信息通信研究院安全研究所和百度公司在人脸识别技术隐私安全方面的最新研究成果，为人脸识别技术在App应用中提升自身安全性、保护用户个人信息安全提供了有益参考。2020年10月开始实施的《信息安全技术个人信息安全规范》也明确了生物特征包含个人基因、指纹、声纹、掌纹、耳廓、虹膜、面部识别特征等，相关信息都属于个人敏感信息，收集个人生物识别信息前，应单独向个人信息主体告知收集和使用个人生物识别信息的目的、方式和范围，以及存储时间等规则，并征得个人信息主体的明示同意。美国安全行业协会(SIA)发布的2020年十大趋势清单显示，人工智能由2019年的第五位跃升至第二位，紧随其后的是面部识别技术，排名第三。2021年，中国信息通信研究院安全研究所联合北京微步在线科技有限公司共同研究并编制了《2020年网络安全威胁信息研究报告(2021年)》，解读了威胁信息产业研究、2020年威胁研究、行业落地研究和产业发展探讨等方面的信息。由中国信息通信研究院云计算与大数据研究所发起的“可信人脸应用守护计划”(简称“护脸计划”)已于2021年4月启动。这些重要的建议和措施，都说明以人脸识别为主要技术的网络安全再次成为焦点，也说明本书研究的内容有非常重大的现实应用价值。

1.2 机器学习与人工智能、数据挖掘和网络安全的融合

1.2.1 机器学习与人工智能

机器学习是人工智能的子领域，是实现人工智能的一种可靠方法，来源于计算机对数据的自主学习并获得某种知识规律的过程。机器学习涉及计算机科学、图分

析、概率论、统计学、逼近论等多门理论，属于交叉学科。机器学习可以模拟人类学习行为，比如大人教孩子认识狗，首先要让孩子看到狗这种动物，然后告诉孩子，这种动物的名字是狗，以后孩子再见到狗就认识了，这就是一个完整的学习过程。机器学习的过程与此类似，通过把目标样本转换为数据，对大量数据进行循环训练学习，推测出某种新知识或技能规律，从而具备某种判别能力，并重组已有知识结构使之不断完善自身性能。机器学习中的稀疏表示、字典学习、集成学习、深度学习、强化学习等都是实现机器学习的数据学习形式和特征表示方法。机器学习不仅在基于知识的系统中得到应用，而且在自然语言处理、计算机视觉、模式识别、行为预测等许多领域得到广泛应用。可以说，机器学习技术是连接芯片和应用场景的纽带，决定了产品的智能化程度。

机器学习的定义是“利用某种经验改善计算机系统在处理问题时的性能”，这些“经验”在机器可以理解的范畴只能以数据形式存在，而“学习”的任务只能进行数据分析，并且根据不同的结果调节数据分布的关系。这种双向相互影响的关系使得机器学习成为大量数据分析的主流方法，并受到各行各业研究者越来越多的关注。研究方向主要分为两类：第一类是传统环境下机器学习的研究，这类研究主要针对模拟人类思维的学习机制的探寻；第二类是大数据环境下机器学习的研究，这类研究主要针对从海量数据中获取的潜在有用的、有区分性的、可理解和应用的知识。近几年，以深度学习和强化学习为代表技术，借鉴人脑和神经元连接并交互信息的多分层结构、逐层分析处理机制、并行信息响应机制和强大的自适应学习能力，在许多研究领域都获得了突破性成果，其中对图像识别领域的研究最广泛。

1.2.2　机器学习与数据挖掘

随着数据信息时代各行业、领域对数据分析需求的日益增加，利用机器学习方法迅速地归纳和综合新的知识技能，已成为现代机器学习技术发展的持续推动力。一方面，机器学习的方法层出不穷，算法模型更新迅速且越来越复杂，特别是大数据时代的机器学习更强调“学习本身是手段”，机器学习成为各领域对复杂多样的数据进行深层次分析的一项重要支持和服务技术，如何更透彻地分析和理解数据成为大数据环境下机器学习的主要研究方向，机器学习已然成为智能数据分析技术的一个重要分支。另一方面，随着大数据环境下数据规模的持续增长，数据的存储技术和传输速度也有了突飞猛进的发展，无论是在科研领域还是在工业领域，新的数据类型日新月异，衍生出许多新型数据分析方式，如文本的理解和情感分析、图像的检索和理解、图形和网络数据的分析、自然语言理解和预测等，使得机器学习和数据挖掘等技术在协助处理大数据智能化分析的过程中发挥举足轻重的作用。

机器学习的对象是大规模数据集，载体是计算机和程序代码。机器学习在发现算法的过程中从数据中获得经验并改进，与数据挖掘理论非常相似，共同点是都属于数据科学的范畴，都应用数据来解决复杂的问题，两者既有区别又有联系。

首先，数据挖掘比机器学习早研究了 20 年，数据挖掘伴随着计算机技术的发展最早出现在 20 世纪 30 年代。而机器学习则是在 1952 年被 IBM 的工程师亚瑟·塞缪尔(Arthur Samuel)编写跳棋程序时创造并定义的。

其次，数据挖掘的本质是从海量数据中挖掘隐藏信息，这些数据是“海量的、无规律的、不完备的、有噪声的、模糊的、随机的实际采集数据”，信息是“隐藏的、规律性的、未知的、潜在有用的、最终可理解的信息和知识”。数据挖掘是一种数据研究方法，根据收集到的数据确定特定的结果。而机器学习则是教给计算机如何学习和理解数据，利用学习得到的经验处理复杂问题，不依赖人工。

最后，数据挖掘利用包括机器学习在内的方法从数据中挖掘可理解和利用的信息，即机器学习是数据挖掘的常用手段之一，数据挖掘通过机器学习等方式提供数据分析技术。数据挖掘需要机器学习的帮助，而机器学习不一定需要数据挖掘技术。机器学习注重算法的理论研究，数据挖掘则偏重运用算法解决实际问题，两者相互协同配合，共同进步，实现各自领域的目标任务。

总体来说，数据挖掘的概念更为广泛和深入，而机器学习是数据挖掘方法的新兴和精细分支。

1.2.3 机器学习与网络安全

机器学习让计算机可以像人类一样学习和反思，海量数据在尖端 AI 算法和高性能算力面前可以被最大限度地理解和分类，以机器学习为代表的数据挖掘和信息安全应用成为人们新的关注点。机器学习在应对海量数据、用户多样化需求和复杂多变的信息安全威胁时发挥了举足轻重的作用。网络信息安全是指计算机通过收集和分析系统中若干节点的相关信息与数据，在不影响网络性能的情况下，对网络进行检测、保护和恢复，其本质是一种数据挖掘和数据理解过程。目前，机器学习在信息安全系统中发展迅速，很多企业级安全厂商都将机器学习技术融入产品中，努力提高本企业产品的网络信息安全性能，可以说人工智能和机器学习彻底改变了信息安全领域的格局。

用户信息隐私安全是当数据(如人脸、签名、指纹等信息)被合法访问时，其携带的信息被入侵者"非法"获取造成敏感信息泄露和滥用，对数据持有者造成负面或严重的损失，如盗刷信用卡、信任危机、冒用身份、违法犯罪等。黑客们时时刻刻都在寻找系统或机器学习算法的漏洞，并尝试利用缺陷入侵或窃取用户的资料和信息。现实生活中有很多用户信息不安全因素，严格地讲，这种用户信息是无法被绝对保护的，只能通过机器学习等先进手段降低其风险性。在数据量惊人且安全风险增加的时代，机器学习可以用于网络安全的不同领域，部署不同的网络安全解决方案，并做好网络安全风险评估。

用户身份认证是网络安全体系中重要的一环，是证明实体对象物理身份与数据库中的数字身份是否一致的过程，安全的认证技术可以防止信息资源的非授权访问，保障信息资源的安全。人脸识别技术是典型的安全认证技术，同时是机器学习的图像分类技术，目前广泛应用在金融、电信、购物、电子设备解锁等方面。可以说，人脸识别技术是保护信息安全的第一道大门，并贯穿网络应用的整个过程。人脸识别技术可以检验用户身份的合法性和真实性，并按系统设置的权限访问数据库信息，拒绝非法访问和入侵者，使网络信息平台更加安全。因此，机器学习效能的提升关乎互联网服务行业的用户信息网络安全，人工智能依托强大的模型结构、算力和数据支撑，在云端或边缘端对用户数据进行极高强度的加密处理，保障存储安全和传输安全。

1.3 机器学习和信息安全发展趋势

在过去的几十年里，全世界见证了人工智能和机器学习技术在各个学科与领域的重大变化，机器学习技术成为各行各业广泛讨论的热门话题。人们或许将在接下来的几年中看到更多令人兴奋的技术进步，这些进步最终将造福数十亿人，产生比以往更深远的影响。

谷歌 AI 负责人、知名学者 Jeff Dean 总结了机器学习的五大趋势。

- 趋势 1：能力、通用性更强的机器学习模型。
- 趋势 2：机器学习持续的效率提升。
- 趋势 3：机器学习变得更个性化，对社区也更有益。
- 趋势 4：机器学习对科学、健康和可持续发展的影响越来越大。
- 趋势 5：对机器学习更深入和更广泛的理解。

由五大趋势不难看出，机器学习正吸引着越来越多的研究者构建规模更大、能力更强的机器学习模型，并在更微小、功耗更低的芯片上运行，不但可以提升学习效率，还可以利用通用模型完成更多不同的任务。同时，针对不同的用户需求和不同的领域，机器学习都能实现许多优秀和个性化的实际应用。针对不同的数据，机器学习既可以在公共数据集提取训练数据，又可以在训练模型中保护隐私，从而使机器学习可以通过某种包容、公平的途径，帮助人们改善目前的工作和生活方式。

受益于研究者的多年耕耘，现实世界中，机器学习的应用场景繁多，机器学习正变得无处不在。这意味着，尽管机器学习在准确性方面的表现被持续重视，但机器学习的隐蔽性问题、公平性问题、因果关系问题、可解释问题、伦理道德问题等也不能忽视。如果要对结果的隐蔽、偏见进行干预，那么还有很多工作要做。许多年前，没有人会攻击一幅图像、一本书或一篇文献，但是现在这些资源一旦通过图像采集系统发布到网上，就可能出现有企图的人，出于各种不同的目的，冒用或攻击它，从而引发信息安全问题。解决信息安全问题需要全社会的共同努力。

数据是机器学习的核心，机器学习的应用已扩展到越来越广泛的领域，例如，在医疗健康以及其他领域中持续收集的不同可用数据，会给社会带来巨大的潜在好处。但不可否认，很多数据非常敏感和个人化，比如医疗数据，所以从隐私和安全的角度来看，这是一个新兴和重要的前沿领域。在为云机器学习提供保密性方面，微软在很多领域都处于领先地位，作为第一个部署数据加密技术的云提供商，不仅可以在通过互联网传输和存储数据时进行加密，而且在数据进入处理器的时候都是加密的。而解密只发生在处理器芯片内部，这意味着即使数据中心物理访问芯片的人，也只能看到加密的数据进出芯片，而无法获得数据。这种数据处理和操作管理分离的方式，无须人工自动完成任务，使数据乃至机器学习都具有非常高的安全性和私密性，并且数据在芯片中被用来训练一个机器学习模型，然后这个机器学习模型或者它的预测结果被提供给数据提供者。由于机器学习模型是在汇集的数据上训练的，所以更有效，更有能力，但在任何阶段，任何实体都不能访问其他实体的数据。

未来，机器学习必将在更大的数据集、更大的模型、更多的计算上进行，算法的性能、安全属性、参数数量等都会有越来越多的改进和优化。机器学习与物联网、大数据、网络安全、云技术、5G 通信技术将更加紧密地互联互通，对各种复杂场景问题给出最优化的解决方案。深度学习、强化学习(reinforcement learning)、对抗学习(adversarial learning)、迁移学习(transfer learning)、小样本学习(few-shot learning)、元学习(meta learning)等先进理论的相继提出，给机器学习带来了新的挑战，联邦学习、边缘计算等扩展技术也为机器学习带来了新的机遇。AI 技术在进步，计算机病毒也在进化，信息安全的风险越来越大，未来的信息安全技术必然与 AI 技术深度融合，共同建立更稳固的数据信息安全空间。这种全世界步调一致的发展趋势，必会让机器学习及其与其他领域和行业交叉的技术，例如以人脸为主体的用户信息网络安全技术，有更大、更深层次的突破，因此隐私安全与机器学习的交叉将是未来几年一个非常重要的领域。

1.4 本章小结

本章介绍了以人工智能和机器学习为基础的人脸识别技术的发展历史，机器学习与人工智能、数据挖掘、网络安全之间的关系，以及对未来以人脸识别为主体的用户信息网络安全技术的展望。

第2章 挖掘用户可辨识信息的方法

本章主要内容

- 稀疏表示、协同表示方法
- 核稀疏表示和核协同表示方法
- 稀疏字典学习方法
- 深度学习方法

2.1 稀疏表示

早在 2004 年，稀疏性在压缩感知领域就有广泛的应用，Candes 等[35]定义了信号稀疏性和 ℓ_1 范数之间的关系，后来 Candes 的博士导师 Donoho 将这个过程称为压缩感知(Compressed Sensing，CS)，从那之后，压缩感知和稀疏优化理论得到了高度重视。2009 年，John Wright 等首先提出了基于稀疏表示的人脸识别框架，利用带标签的训练样本构造过完备字典，协助计算待测图像的稀疏系数，最后进行重构误差判别分类。该算法对特征选择不敏感，具有很强的抗噪和鲁棒能力，在人脸识别中，特别是在遮挡和噪声环境下，可取得令人满意的效果。从表观上看，稀疏表示是一种从视觉图像推广到矩阵表达，让高维的图像能用低维的压缩稀疏矩阵表示，这个过程也是一个降维过程。在稀疏表达后，各维向量间的依赖性变弱，更为独立。从本质上看，稀疏表示相当于自动找出潜藏在数据背后的解释因子，稀疏求解过程中的各种稀疏约束使计算后得到的各个系数对于理解数据的贡献度相同，此时稀疏程度就可以决定数据的归属。总体来说，稀疏表示是一种模拟人类视觉系统的机器学习手段，是协助人类对外界信息进行感知和处理的方式之一。

稀疏表示原理是从过完备字典里选出较少的原子，将这些原子作为基本信号线性表示中大多数或全部的原始信号。其中，过完备字典是从训练样本中学习且由个数超过信号维数的原子聚集而来，并且任一待测信号在不同原子组下有不同的稀疏表示，如图 2-1 所示。目前，稀疏性也被用于降低机器学习密集模型架构中注意力机制的成本，模型中只有部分给定任务数据被激活，可以极大提升大容量模型的计算效率。

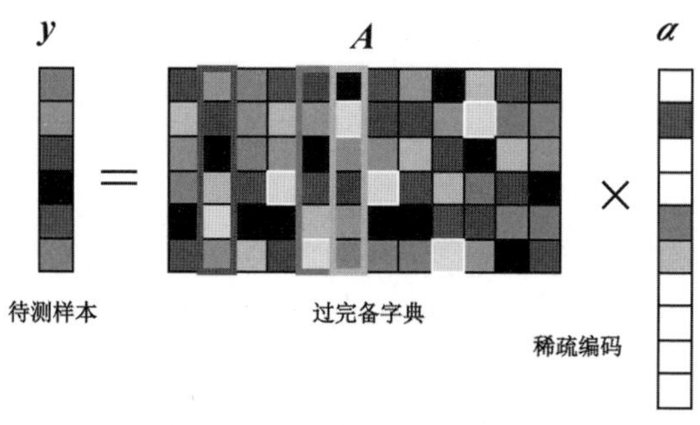

图 2-1　稀疏表示原理示意图

假设有 L 类训练样本，$\boldsymbol{A}=[\boldsymbol{A}_1,\boldsymbol{A}_2,\cdots,\boldsymbol{A}_L]\in\mathbf{R}^{M\times N}$ 表示从训练集中学习的过完备字典，M 是训练样本图像向量的维数，$N=\sum_{i=1}^{L}N_i$ 是所有类的训练样本总数，$\boldsymbol{A}_i=[x_{i,1},x_{i,2},\cdots,x_{i,N_i}]$ 代表第 i 类中所有样本图像向量，$x_{i,n}$ 是第 i 类的第 n 个训练样本的列向量。根据线性子空间原理，任一个给定样本 $\boldsymbol{y}\in\mathbf{R}^M$ 可表示成其所属第 i 类的训练样本原子线性组合表示，即

$$\boldsymbol{y}=\alpha_{i,1}x_{i,1}+\alpha_{i,2}x_{i,2}+\cdots+\alpha_{i,n_i}x_{i,n_i} \tag{2-1}$$

其中，$\alpha_{i,j}\in\mathbf{R}, j=1,2,\cdots,n_i$。

由于待测样本 $\boldsymbol{y}$ 的类别未知，因此可将所有标签下的训练样本向量矩阵构造成过完备字典 $\boldsymbol{A}$，再把待测样本 $\boldsymbol{y}$ 表示成字典 $\boldsymbol{A}$ 所有原子的线性组合：

$$\boldsymbol{y}=\boldsymbol{A}\boldsymbol{\alpha}_0 \tag{2-2}$$

其中，$\boldsymbol{\alpha}_0=\left[0,\cdots,0,\alpha_{i,1},\alpha_{i,2},\cdots,\alpha_{i,n_i},0,\cdots,0\right]^{\mathrm{T}}\in\mathbf{R}^N$ 为稀疏编码系数，理想情况下，$\boldsymbol{\alpha}_0$

中的非零元素反映测试样本 $\boldsymbol{y}$ 所属第 i 类中的训练样本，同时也标记测试样本的类别。该稀疏编码系数需要求解线性方程 $\boldsymbol{y}=\boldsymbol{A\alpha}_0$，这是凸规划问题，但在图像处理时，通常方程 $\boldsymbol{y}=\boldsymbol{A\alpha}_0$ 是欠定方程($M<N$)，如果不加约束，会出现很多满足条件的 $\boldsymbol{\alpha}_0$ 的解。当字典为完备字典时，稀疏性是自然信号的最佳约束，所以 $\boldsymbol{\alpha}_0$ 应该是稀疏的，而 ℓ_0 范数约束可以直接限定非零个数，则式(2-2)可直接转化为

$$(\ell_0):\hat{\boldsymbol{\alpha}}_0=\arg\min\|\boldsymbol{\alpha}\|_0 \quad \text{s.t.} \quad \boldsymbol{A\alpha}=\boldsymbol{y} \tag{2-3}$$

但 ℓ_0 范数最小化问题是 NP 难问题，很难优化求解，而 ℓ_1 范数是 ℓ_0 范数的最优凸近似，比 ℓ_0 范数要容易优化求解。所以只要 x 足够稀疏，ℓ_0 范数规则化问题可等效为 ℓ_1 范数规则化问题，则式(2-3)可转化为

$$(\ell_1):\hat{\boldsymbol{\alpha}}_1=\arg\min\|\boldsymbol{\alpha}\|_1 \quad \text{s.t.} \quad \boldsymbol{A\alpha}=\boldsymbol{y} \tag{2-4}$$

在图像处理或传输中，可能会存在一些缺陷和噪声，因此在字典原子线性表示待测样本时允许一定的误差存在。这个很小的误差阈值被定义为 ε，则式(2-4)可变为

$$(\ell_1):\hat{\boldsymbol{\alpha}}_1=\arg\min\|\boldsymbol{\alpha}\|_1 \quad \text{s.t.} \quad \|\boldsymbol{A\alpha}-\boldsymbol{y}\|_2\leqslant\varepsilon \tag{2-5}$$

式(2-5)可转化为如下优化问题的简单形式：

$$\min_{\boldsymbol{\alpha}}\|\boldsymbol{A\alpha}-\boldsymbol{y}\|_2^2+\lambda\|\boldsymbol{\alpha}\|_1 \tag{2-6}$$

其中，参数 λ 是可调参数，一般为较小的正值，用于平衡稀疏度和重构误差。式(2-6)中，第一项表明稀疏线性组合应尽可能还原原样本，第二项说明求解的系数向量 $\boldsymbol{\alpha}$ 应尽可能的稀疏。因此，ℓ_1 范数也称为稀疏规则算子，基于它的约束问题也被称为 Lasso 问题。

最后，根据得到的稀疏系数矢量，分别计算出各类训练样本对待测样本分类的贡献度，即重构残差，并将待测样本分类为重构残差最小的类别：

$$r_i(\boldsymbol{y})=\|\boldsymbol{y}-\boldsymbol{A}_i\boldsymbol{\delta}_i(x)\|_2 \tag{2-7}$$

$$\text{Identify}(\boldsymbol{y})=\arg\min_i r_i(\boldsymbol{y}) \tag{2-8}$$

其中，$i=1,2,\cdots,L$；$\boldsymbol{\delta}_i(x)=\left[\alpha_{i,1},\alpha_{i,2},\cdots,\alpha_{i,N_i}\right]^{\mathrm{T}}$ 为第 i 类样本的稀疏系数矢量。

SRC 算法在 2013 年前后发展得非常快，掀起了稀疏表示研究的热潮，它的模型简单且不需要大规模数据支撑，在人脸识别中效果很好，但不适合那些具有相同方向的不同类数据的分类任务，这是由正则化因子对相同方向数据不敏感导致的。

2.2 协同表示

在数学模型上分析，稀疏求解时一般采用 ℓ_1 范数约束，这是由于原始的 ℓ_0 范数会使优化问题变为非凸的，而 ℓ_1 范数可以避免这个问题，并得到更稀疏的解，适用于高维图像处理。但是不可否认，ℓ_1 范数约束求解带入了大量的迭代过程，在数据量过大时，严重影响了求解的速度。为了平衡对精度和速度的需求，在 2011 年的 IEEE ICCV 会议上，Zhang Lei 等[21]在稀疏表示的基础上提出一种基于最小平方正则化的协同表示算法(CRC_RLS)，他们认为在关注类间的稀疏性的同时，也需要关注各类之间的协作性，利用整个数据集来表示待测样本，而不是用独立的某一类来表示待测样本。因此，他们利用 ℓ_2 范数约束来取代 ℓ_1 范数，并在分类准则上进行调整，取得了与稀疏表示近似的识别率，但识别速度提高了约 1600 倍，这充分满足了现实生活中人脸识别实时性的要求。于是，后续很多人脸识别算法都基于 CRC 模式的改进，在人脸识别、视频跟踪、超分辨率、图像去噪等方面都有广泛的应用。

对式(2-2)求解，还可以采用规则化 ℓ_2 范数，这种优化问题可以解决过拟合问题，能让约束项 $\|\boldsymbol{\alpha}\|_2$ 最小时，每个元素的值都很小——接近 0 但不等于 0，在一定程度上避免过拟合现象，提升算法的泛化能力。换句话说，ℓ_1 范数只保留少量特征，其他大部分特征都是 0，但 ℓ_2 范数会倾向于选择更多特征，这些特征都会接近 0。那么式(2-5)可转化为

$$(\ell_2): \hat{\boldsymbol{\alpha}}_2 = \arg\min \|\boldsymbol{\alpha}\|_2 \quad \text{s.t. } \|\boldsymbol{A\alpha} - \boldsymbol{y}\|_2 \leqslant \varepsilon \tag{2-9}$$

式(2-9)可转化为如下优化问题的简单形式：

$$\min_{\boldsymbol{\alpha}} \|\boldsymbol{A\alpha} - \boldsymbol{y}\|_2^2 + \lambda \|\boldsymbol{\alpha}\|_2^2 \tag{2-10}$$

这类问题称为 Ridge 问题，在回归中，ℓ_2 范数的回归也被称为岭回归，是以损失无偏性换取高的数值稳定性。式(2-10)的最优解析解形式为

$$\hat{\boldsymbol{\alpha}}=\left(\boldsymbol{A}^{\mathrm{T}}\boldsymbol{A}+\lambda\boldsymbol{I}\right)^{-1}\boldsymbol{A}^{\mathrm{T}}\boldsymbol{y} \tag{2-11}$$

其中，$\boldsymbol{I}$ 表示单位矩阵，λ 为正则化参数，它们来源于 ℓ_2 规则项，可以避免过拟合情况。令投影矩阵 $\boldsymbol{P}=\left(\boldsymbol{A}^{\mathrm{T}}\boldsymbol{A}+\lambda\boldsymbol{I}\right)^{-1}\boldsymbol{A}^{\mathrm{T}}$，可以看出 $\boldsymbol{P}$ 独立于 $\boldsymbol{y}$，只与字典 $\boldsymbol{A}$ 有关，所以可以一次性提前计算。在测试样本 $\boldsymbol{y}$ 时，只须计算出 $\boldsymbol{y}$ 在 $\boldsymbol{P}$ 上的投影 $\boldsymbol{Py}$，就可以得到系数矢量，因此不同于 SRC 的迭代求解，ℓ_2 范数优化问题在引入一定量稀疏度的同时，使求得的回归系数更可靠，求解更加稳定和快速。

Zhang Lei 等在文献[21]中就详细地讨论了这种基于 ℓ_2 范数约束问题的稀疏求解。除了在上述优化方法和计算时间上与 SRC 有区别，在可行性上也对 CRC 方法做出了肯定。他们认为不能过分强调类的独立性，也应该考虑类间的协同性，即用全部训练样本集特征协同的表示待测样本 $\boldsymbol{y}$，而不是只用独立的所属类别训练样本来线性组合。

由于 ℓ_2 范数约束优化解的稀疏性没有 ℓ_1 范数的强，所以在计算残差时，调整了分类准则，利用 ℓ_2 范数自身的稀疏度加强了重建残差的表示能力，即各类的残差表示为

$$r_i=\left\|\boldsymbol{y}-\boldsymbol{A}_i\hat{\boldsymbol{\alpha}}_i\right\|_2/\left\|\hat{\boldsymbol{\alpha}}_i\right\|_2 \tag{2-12}$$

其中，$\hat{\boldsymbol{\alpha}}_i$ 为第 i 类样本对应的系数向量。

最后，按式(2-8)将测试样本分类为重构残差最小的类别。

2.3 核稀疏表示和核协同表示

高维核映射可以提高样本特征的线性可分性，但需要选择合适的核函数。许多优秀的核函数都可以在不同程度上提高核算法分类性能，如单一核结构(线性核、对数核、高斯核、拉普拉斯核、多项式核、感知器核)和复合核结构(复合核协同)。核

变换函数也可以推广到很多方法中，例如支持向量机、核主成分分析(Kernel PCA，KPCA)、核 Fisher 判别法(Kernel FDA，KFDA)和核聚类方法等。支持向量机方法是常见的二分类方法，通过构造合适的核空间，将原样本空间中的线性不可分数据转化为高维特征空间中的线性可分数据，它是将核方法与分类器优化结合起来的一种结构风险最小化方法，也是典型的核学习方法之一。核聚类方法利用 Mercer 核，把输入空间中的样本映射到高维特征空间，使低维非线性数据转化为高维线性可分数据，从而在特征空间中具有更好的聚类分布性。通过非线性的核映射能够较好地提取样本特征，并放大有助于分类的特征，实现更精确的聚类，达到更满意的收敛速度。

通常满足 Mercer 条件的函数即连续、对称和半正定的函数，可称为一个 Mercer 核函数，模型表示为

$$\kappa(\boldsymbol{u},\boldsymbol{v})=\left\langle\phi(\boldsymbol{u}),\phi(\boldsymbol{v})\right\rangle=\phi(\boldsymbol{u})^{\mathrm{T}}\phi(\boldsymbol{v}) \tag{2-21}$$

其中，$\boldsymbol{u}$ 和 $\boldsymbol{v}$ 是两个样本特征向量，ϕ为核映射，因此核函数为两个向量的内积在映射空间的计算，这个映射空间称为再生核希尔伯特空间。通过核函数代替内积的方法，实现样本从原始低维空间到高维核空间的非线性映射，并在核空间中的线性子空间降维，从而在本质上实现样本空间中的非线性数据运算。总体来说，能用内积表示的线性算法都可通过核方法实现非线性变化，不过，在实际应用中哪种核函数性能最优，需要适当的选择和优化。

核稀疏表示(Kernel Sparse Representation，KSR)[36]是稀疏表示在核空间的扩展，可以用核空间训练样本字典中相关类的原子线性表示测试样本：

$$\boldsymbol{\Phi}(\boldsymbol{y})=\sum_{i=1}^{N_i}\boldsymbol{\alpha}_i\boldsymbol{\Phi}(\boldsymbol{x}_i) \tag{2-22}$$

其中，$\boldsymbol{\Phi}(\boldsymbol{y})$、$\boldsymbol{\Phi}(\boldsymbol{x}_i)$ 分别为核化的测试样本和对应的相关类的训练样本，$\boldsymbol{\alpha}_i$ 为相关类的稀疏编码系数。核稀疏表示就是在核特征空间求解稀疏系数的过程，它可以解决稀疏表示中具有相同方向数据正则化后重叠的问题。由于在核稀疏表示中，高维的 ℓ_1 范数最小化迭代计算更复杂，虽然识别率有提升，但时间上的消耗巨大，不太适合实时性需求，所以本书中没有应用它进行分类或进行对比实验。

核协同表示(Kernel Collaborative Representation，KCR)[37]模型是协同算法在核空间的扩展，由于应用基于 ℓ_2 正则化的最小二乘法取代了复杂度高的 ℓ_1 正则化方法，并引入了各类的协同特性，所以可以在取得与核稀疏算法类似的高识别率的同时，有效降低时间消耗，满足实时性需求。核协同模型为

$$\hat{\boldsymbol{\alpha}} = \arg\min_{\boldsymbol{\alpha}} \{\|\phi(\boldsymbol{y}) - \phi(\boldsymbol{A})\boldsymbol{\alpha}\|_2 + \lambda\|\boldsymbol{\alpha}\|_2^2\} \tag{2-23}$$

其中，$\hat{\boldsymbol{\alpha}}$ 为稀疏编码系数，λ 为惩罚项系数，$\phi(\boldsymbol{y})$ 和 $\phi(\boldsymbol{A})$ 分别是测试样本 $\boldsymbol{y}$ 和原空间字典 $\boldsymbol{A}$ 在高维空间的非线性映射特征。在核空间，测试样本可以表示成所有训练样本的线性组合：

$$\boldsymbol{\Phi}(\boldsymbol{y}) = \boldsymbol{\Phi}(\boldsymbol{A}) \cdot \boldsymbol{\alpha} \tag{2-24}$$

核协同模型分析和优化的解为

$$\hat{\boldsymbol{\alpha}} = (\boldsymbol{K}_{AA} + \lambda \boldsymbol{I})^{-1} \boldsymbol{K}_A(\boldsymbol{y}) \tag{2-25}$$

其中，$[\boldsymbol{K}_{AA}]_{ij} = \kappa(\boldsymbol{x}_i, \boldsymbol{x}_j)$ 是一个 $N \times N$ 矩阵，$[\boldsymbol{K}_A(\boldsymbol{y})]_i = \kappa(\boldsymbol{x}_i, \boldsymbol{y})$ 是一个 $N \times 1$ 向量。

核协同模型同样可以把低维线性不可分数据映射到高维核空间，进行数据的降维和线性化处理，在分类任务中取得了令人满意的识别效果，也比较符合实时性要求，所以促进了许多后续扩展算法的出现。

2.4　稀疏字典学习

字典学习也是近年来备受关注的研究内容之一，研究人员常用矩阵因式分解来形容它。字典学习的目标就是在原始数据里学习一组经验基，这组经验基里包括目标最本质的特征(类似字典里的字或词语)，可以更有效地代表信号。也就是说，字典是一种降维方式，可以减少该样本的一些冗余特征对分类定义的干扰，并用最简单且重要的特征表示更多的知识，可以提高分类性能和计算速度。

字典学习和稀疏表示都是以信号简单化为目标，去除冗余信息而保留可辨识的重要信息，构造的字典是否强大取决于构造的模型是否稀疏，因此大多数情况下它

们是联合在一起的。字典学习一般应用稀疏表示的理论方法求解，因此被称为稀疏字典学习。由于信号可以表示为较少字典原子的线性组合，且表示系数是稀疏的，因此，如何得到有利于稀疏编码的区分度高的字典是字典学习的主要任务。

K-SVD 方法是一个比较典型的无监督综合字典学习算法，把训练数据分解为一个稠密的基和稀疏系数，利用这组稠密的基代替原训练字典进行稀疏分类。这种稠密-稀疏分解的字典学习方法十分有效，取得了很好的效果，并激励了很多字典学习的工作，包括解决无监督的信号处理问题或进行有监督的特征抽取。它的原理是从训练样本中自主学习得出一个紧凑但却非常有效的字典，可以更好地代表测试样本，而且在图像降噪和压缩处理中也经常用到。为得到最佳的过完备字典 $\boldsymbol{D}=\{d_k,1<k<K\}$ (d_k 是学习字典 $\boldsymbol{D}$ 的第 k 列原子)，可以求解回归函数：

$$\langle \boldsymbol{D},\boldsymbol{Z}\rangle = \min_{\boldsymbol{\alpha}} \|\boldsymbol{A}-\boldsymbol{D}\boldsymbol{Z}\|_2^2 + \lambda\|\boldsymbol{Z}\|_1 \tag{2-26}$$

其中，$\boldsymbol{A}$ 是原训练样本字典，$\boldsymbol{Z}$ 是相应的系数矩阵。这里应用的是 ℓ_1 范数，通过迭代算法逐个更新字典的原子及稀疏编码，可以令得到的字典更加稀疏。将求解 $\boldsymbol{D}$ 的问题看作一个优化问题，第一项是确保 $\boldsymbol{D}$ 和 $\boldsymbol{Z}$ 能够尽量无失真地重构图像，第二项是确保 $\boldsymbol{Z}$ 矩阵尽量稀疏。

为了求解式(2-26)，可以将式(2-26)右边的因子变为

$$\|\boldsymbol{A}-\boldsymbol{D}\boldsymbol{Z}\|_2 = \left\|\boldsymbol{A}-\sum_{j=1}^{K} d_j z_T^j\right\|_2 = \left\|(\boldsymbol{A}-\sum_{j\neq k}^{K} d_j z_T^j) - d_k z_T^k\right\|_2 = \left\|\boldsymbol{E}_k - d_k z_T^k\right\|_2 \tag{2-27}$$

则得到 K-SVD 分解结果：

$$\boldsymbol{E}_k = U\Delta\boldsymbol{V}^{\mathrm{T}} \quad \tilde{d}_k = U(:,1) \quad \tilde{z}_k = V(:,1)\cdot\Delta(1,1) \tag{2-28}$$

本书第 4 章将介绍如何利用经典 K-SVD 算法对稀疏分解的误差图像进行降噪处理，并在降噪后的图像上绘制图像遮挡的轮廓，得到更精确的遮挡位置地图。

除了上述的综合型字典，还有解析型字典、盲字典、信号复杂度字典及扩展字典等，都丰富了字典学习理论，提升了字典学习的有效性。例如，文献[30]考虑通用人脸的对称性，在原字典里加入了原图像的镜像对称人脸图像特征，包含了更多人脸姿态、表情等变化，丰富了字典携带的信息量，使分类精度得到大幅度的提升，

在小样本情况下非常实用。这类字典扩展和字典学习的方式不再把字典学习局限在简单性上，而更注重字典的有效性。同时，在字典结构上也可以进行优化和合理配置，进一步增强字典的通用性、鲁棒性和区分度，使稀疏编码方式更灵活、有效，有利于图像分类，并扩大字典学习的应用范围。

2.5　深度学习

深度学习是机器学习的重要构成部分，是基于人工神经网络的一种深层网络框架的版本，通过组合底层特征形成更加抽象的深层属性，放大非线性数据的分布式规律，这种深层全自动特征学习方式比浅层的网络具有更强的数据理解和学习能力。深度学习借鉴人脑的信息处理过程，对信息进行分层处理、特征提取和分类。深度学习的本质是通过构建多层多参数的复杂机器学习模型和大规模的训练数据，来学习数据所具有的更有区分性的特征，最终提升整个模型的分类性能[38]。

深度学习的方法类似“黑盒子”算法，只需要研究网络结构来实现复杂函数的逼近，进行端到端的关键特征学习，得到优势的结果。为了提高深层网络模型的训练效果，人们在神经元的连接方法及激活函数等方面都做出了很多优化和调整，可以说，深度神经网络是实现深度学习的一种具体途径，而深度神经网络模型的不断优化和发展大大提升了使用深度学习方法实现机器学习的效率。同时，深度学习对高性能计算机、数据规模及多样性的需求，使得它在很多领域优于非深度学习方法。

2.5.1　深度学习的模型

深度学习的任务就是把计算机中存储的大量数据，放进一个复杂的、包含很多参数和多个层级的数据处理网络中学习，这个网络就是深度神经网络。计算机需要学习足够的数据，才能训练出一个能够用于识别的模型。经过一次次锲而不舍的训练、筛选和参数调整，最终形成稳定并符合要求的训练好的目标模型。该模型理论上分为以下两种类型。

1. 判别模型

判别模型符合条件概率 $p(y|x)$，其中 x 代表已观测的输入数据，y 代表未观测的输出结果，利用贝叶斯风险最小化的准则进行分类：

$$y = \arg\max p(y|x) \quad y \in \{-1, +1\} \tag{2-29}$$

这种模型根据输入训练数据，通过求解概率分布函数预测目标数据的类别，因此称为判别模型。判别模型多数时候进行分类和回归任务，在节约计算资源的情况下，可以取得较好的预测和分类效果。

在分类场景中，如果备选类别为两个，只需要从中选择一种类别的情况，称为最基本的二分类任务；如果备选类别较多，则会计算出归属每种类别的概率，根据概率向导判断最可能的类别。不过，这种概率在学习之初一般被设定为均等的，随着循环次数和数据量的增加，平均误差趋于减小，训练模型才会走入正轨，趋于得出正确的输出结果。例如，某待分类初始目标被设定，A 类概率为 0.333，B 类概率为 0.333，C 类概率为 0.333。而在循环结束时，A 类概率为 0.85，B 类概率为 0.1，C 类概率为 0.05。这种分类概率的表示方法可以让程序员在训练阶段对模型设计进行优化。

在回归场景中，回归问题的解决方案类似于函数拟合，常用的损失函数是平方损失函数，回归的结果一般是连续的数值，通常用于预测分析时间序列模型及变量之间的因果关系，例如利用过去的用电数据预测未来一段时间内的用电量及峰谷时段。如果回归模型是基于条件概率建模，则它也属于判别模型。

2. 生成模型

生成模型满足联合概率 $p(x,y)$，通常是指能够随机生成观测数据的模型。对可观测数据的分布进行建模，达到生成可观测数据的目的，从而分析生成的样本和真实样本之间的相似程度。这种生成模型也适用于解决分类问题，但不同于判别模型的标签表示，它更关注学习可观测模型的数据分布，例如给定的输入数据为 x，输出为 1 的概率，根据贝叶斯公式 $p(y=1|x) = \frac{p(x, y=1)}{p(x)}$ 求得条件概率，优化模型，

判断目标所属类别。在这个过程中，生成模型先进行生成数据的学习，再进行判别数据的学习。典型的生成模型包括高斯混合模型(Gaussian Mixture Model，GMM)、隐马尔可夫模型、随机上下文无关文法(Stochastic Context-free Grammar，SCFG)、朴素贝叶斯分类器(Naive Bayes Classifier，NBC)、平均单依赖估计(Average on Dependence Estimator，AODE)分类器、受限玻尔兹曼机(Restricted Boltzmann Machine，RBM)、隐含狄利克雷分配模型(Latent Dirichlet Allocation Model，LDAM)、生成式对抗网络(Generative Adversarial Networks，GAN)等。

大多数深度神经网络都是判别模型，因为很多生成类任务都可以简化为分类或回归任务。但判别模型不对观测数据的分布建模，因此没有表达观测数据与目标数据之间复杂关系的能力，比较适合监督学习。而生成模型可以生成模型中任意数据的分布情况，数据量需求比较大，因此比较适合无监督学习。生成模型的目的是生成以假乱真的数据，这种能力要强到判别模型分辨不出来的程度。

当然，由于模型学习的具体化，主流上也可以分为有监督学习(Supervised Learning，SL)模型和非监督学习(Unsupervised Learning，UL)模型。有监督学习主要包含卷积神经网络(Convolutional Neural Networks，CNN)、循环神经网络(Recurrent Neural Network，RNN)、递归神经网络(Recursive Neural Network，RNN)等；无监督学习包括深度生成模型(受限玻尔兹曼机、深度信念网络、生成式对抗网络等)、自编码器(Auto-encoder)等。

2.5.2　多层感知机

深度神经网络来源于对生物神经元的模拟和简化，最典型的是多层感知机(Multilayer Perceptron，MLP)。它包括输入层、隐藏层和输出层三层结构，各层之间是全连接的(上一层的任一个神经元与下一层的所有神经元都是连接的)。MLP 是后续复杂且功能强大的神经网络的基础。相比只有一个全连接层的单层网络，MLP 可以学习更复杂的数据，并扩展到处理非线性问题。隐藏层的层数和神经元的个数需要根据具体情况选择，通过数据训练自动确定参数，隐藏层的层数和神经元的个数决定参数规模。数据由输入层处理后进入网络，与第一隐藏层权重计算激活作为第二隐藏层的输入，经过这些隐藏层间的计算，数据被转换到新的特征空间，引入了更多非线性，从而使这些数据在新空间中变得线性可分，最后在输出层激活得到分类的概率向导。图 2-2 是一个简单 MLP 的示意图。

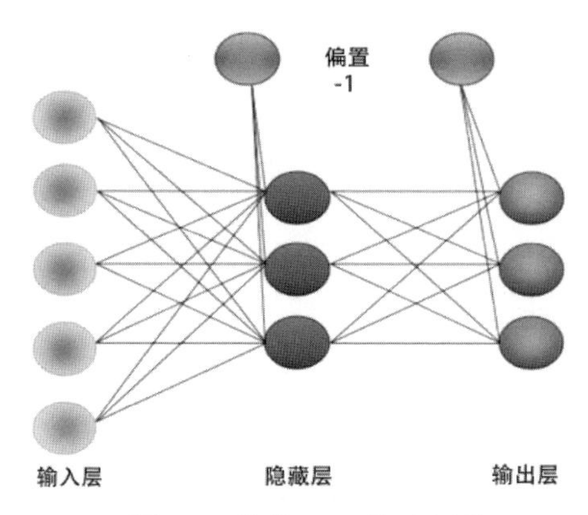

图 2-2　简单 MLP 的示意图

训练感知机有以下两种方法。

(1) 前向传播(forward-propagation)。前向传播，即沿输入层到输出层的顺序运行，结合每层权重逐层计算并存储中间变量，这些变量的个数大体与网络层数相关，直至得到输出。前向传播时需要为隐藏层或输出层的每个神经元额外添加一个固定的输入，确保在输入全为零时仍能更新权重，永久地设置为-1，这个额外的输入称为偏置。

(2) 反向传播(back-propagation)。反向传播根据最小化误差更新权重，优化模型，使得网络输出更加逼近目标。在深度模型中，由于隐藏层深度未知，计算比较复杂，当得到的训练输出与目标值相差太大时，就需要反向传播，利用误差函数，优化模型。为了使误差的计算更准确，这里会计算误差的偏导数，并引入链式法则，从输出层开始向后传播误差，逐层迭代计算，直到其收敛到误差函数最小值。但在实践中，误差的最小值具有局部性，不是全局误差最小值。因此，会引入后面介绍的梯度下降法或局部值逼近全局最小值的方法等，使得误差达到最小，完成反向传播的任务。

在训练深度模型时，正向传播和反向传播是同时进行的，且相互依赖。正向传播的计算所需要的参数是由最近一次反向传播梯度计算后迭代得到的，而反向传播梯度计算所需要的变量是由最近一次正向传播计算并存储得到的，因此正向传播和反向传播相结合达到学习模型自动训练参数的目的，这是神经网络运算的基础。

2.5.3　激活函数和损失函数

1. 激活函数

激活函数可为神经元引入更多的非线性，使得神经网络理论上可以向任何非线性函数逼近，应用到更多实际环境下的非线性模型中，具有最佳的分类能力。这种非线性可以通过对激活函数的设计来实现，针对不同的应用场景选择不同的激活函数，可以有效地帮助神经网络模型获得更具优势的概率向导。常见的神经网络激活函数有 sigmoid 函数、tanh 函数、ReLU(Rectified Linear Unit，整流线性单元)函数和 softmax 函数，这 4 种激活函数都有各自的优点。神经网络如何选择合适的激活函数呢？下面简单介绍一下这 4 种函数。

1) sigmoid 函数

sigmoid 函数的取值范围是[0,+1]，其图像如图 2-3(a)所示。该函数可以把任何数字收敛到其取值范围之内，从而把数据由线性转换为非线性。它可以用在隐藏层或输出层，若用在输出层，则通常做二分类问题输出的取值，代表 0～1 的概率输出。sigmoid 函数图像的梯度比较平缓，输出值无毛刺，且函数是可微的，但运行速度很慢。

sigmoid 函数如下：

$$f(x)=\frac{1}{1+\mathrm{e}^{-x}} \tag{2-30}$$

2) tanh 函数

tanh 函数的取值范围是[−1,+1]，其图像如图 2-3(b)所示。因此在隐藏层的计算中，tanh 函数的表现要比 sigmoid 函数更好一些，这是由于它把任意数据都限定在[−1,+1]范围，可以看成在以 0 值为中心，在 0 值附近变化，这样从隐藏层到输出层，数据达到了归一化(均值为零)的效果，提高了模型的非线性。当然，tanh 函数也可以在输出层使用，应用于那些输出为−1 和 1 之间的去线性化场景。

tanh 函数如下：

$$f(x)=\frac{e^x-e^{-x}}{e^x+e^{-x}} \tag{2-31}$$

3) ReLU 函数

ReLU 函数的图像如图 2-3(c)所示。ReLU 函数在模型比较复杂的时候，可以弥补 sigmoid 和 tanh 两个函数梯度下降速度慢的缺点，性能会更好一些。当输入大于 0 时，梯度始终为 1；当输入小于 0 时，梯度始终为 0；当输入为 0 时，梯度可以为 1 也可以为 0，不会影响实际输出。在隐藏层的计算中，更易实现和优化，能够提高神经网络梯度下降的速度，简化了 sigmoid 和 tanh 两种指数型激活函数的运算。后续的 Leaky ReLU 激活函数引入了较小的正标量α，弥补了输入小于 0 时梯度为 0 的不足，同时也保留了负向取值的信息。

ReLU 函数如下：

$$f(x)=\begin{cases}0, & x\leqslant 0\\ x, & x>0\end{cases} \tag{2-32}$$

Leaky ReLU 函数如下：

$$f(x)=\begin{cases}ax, & x\leqslant 0\\ x, & x>0\end{cases} \tag{2-33}$$

4) softmax 函数

softmax 函数也称归一化指数函数，其图像如图 2-3(d)所示，可以根据前一层网络的输出提供归一化，其输出的结果具有相关性，在分类任务中被广泛使用，在最后的输出层归一化输出向量，转换为 0 到 1 之间的实数，且总和为 1，可以用于标记不同类别的概率。

softmax 函数如下：

$$f(x)_i=\frac{e^{x_i}}{\sum_{j=1}^{K}e^{x_j}} \tag{2-34}$$

设计神经网络的时候，可以根据实际情况选择使用哪种激活函数(一般一层只应用一种激活函数)，有时也可以变换不同的激活函数进行尝试，以求得到更快的收敛速度和更准确的计算结果。

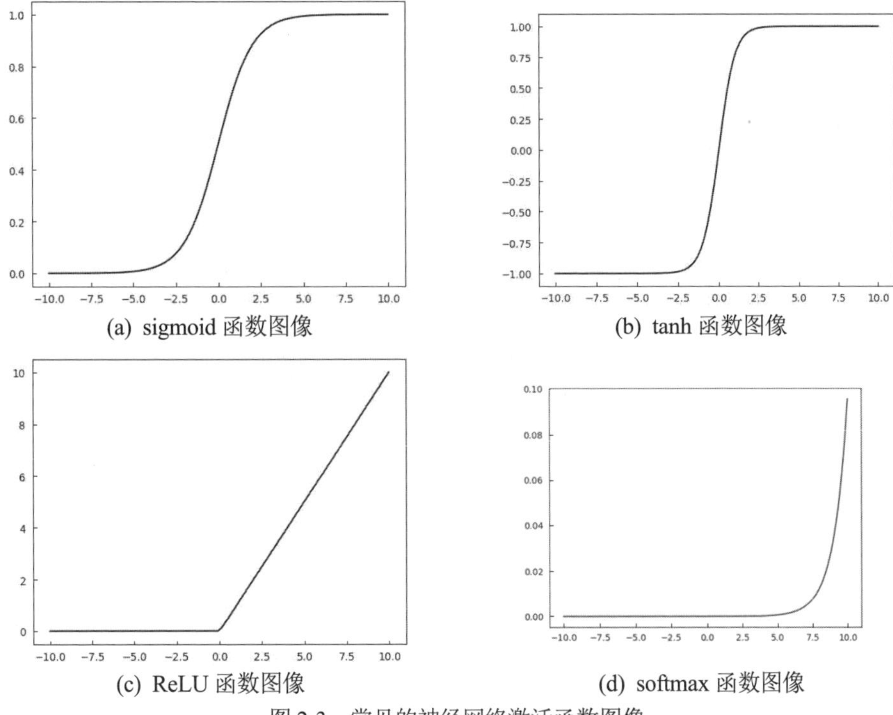

(a) sigmoid 函数图像　　(b) tanh 函数图像

(c) ReLU 函数图像　　(d) softmax 函数图像

图 2-3　常见的神经网络激活函数图像

2. 损失函数

损失函数用于衡量模型输出的预测值和目标真实值的不一致程度(损失程度)，是一个非负实值函数，损失函数越小，预测越准确，这也是优化神经网络模型的目标函数之一。常见的基本线性回归损失函数如下。

1) 平方损失函数

平方损失(square loss)函数即均方误差函数，经常用于计算两组向量的近邻程度，比较光滑且方便求导。由于平方损失函数计算的优越性，所以常常用于输出为连续值的均值回归中，其中的权重参数可先初始化，再通过梯度下降不断更新。当预测值离真实值较远的时候，平方损失函数对异常点较敏感，惩罚力度更大。

平方损失函数如下：

$$\xi = \frac{1}{N}\left\|\boldsymbol{y} - f(\boldsymbol{x})\right\|_2^2 = \frac{1}{N}\sum_{i=1}^{N}(\boldsymbol{y}_i - f(\boldsymbol{x}_i))^2 \tag{2-35}$$

其中，N 为样本数量，$\boldsymbol{y}$ 为真实值，$f(\boldsymbol{x})$ 为预测值。

2) 绝对值损失函数

绝对值损失(absolute loss)函数也经常用来解决回归问题，用于计算预测值与真实值的差的绝对值，但其数学性质弱于均方误差函数，且误差接近零时无法求导，因此应用范围不如平方损失函数。但研究人员在不断优化神经网络模型时，也从未放弃对损失函数的优化，很多损失函数之间可以互补和结合。

绝对值损失函数如下：

$$\xi = \frac{1}{N}\left\| \boldsymbol{y} - f(\boldsymbol{x}) \right\| = \frac{1}{N}\sum_{i=1}^{N}\left| \boldsymbol{y}_i - f(\boldsymbol{x}_i) \right| \tag{2-36}$$

其中，N 为样本数量，$\boldsymbol{y}$ 为真实值，$f(\boldsymbol{x})$ 为预测值。

2.5.4 优化算法

在机器学习中，有很多优化算法都试图寻找模型的最优解，梯度下降算法就是其中比较典型的优化算法之一。梯度下降的学习中，通过递归性的优化，寻找更合理的参数，以降低损失函数值。梯度即参数的偏导数，下降的步长也称为学习率，控制下降的速度。具体来说，参数通过梯度被逐步优化，而参数的更新使得损失值逐步下降，达到优化神经网络模型的目的。

1. 随机梯度下降算法

随机梯度下降(Stochastic Gradient Descent，SGD)算法在计算损失值时，随机抽取小批量(mini-batch)样本 B，计算 B 的梯度，对参数进行更新，经过足够次数的更新，可以认为计算覆盖了整个训练集，如算法 2-1 所示。SGD 容易收敛到局部最优，但受限于 B 的梯度，在学习率的选择上比较困难。如果学习率过大，SGD 下降过快，无法找到真正的全局最小值，反而陷入局部最小值的陷阱里。如果学习率过小，SGD 的收敛速度变得非常缓慢，将影响整个模型的计算速度。

算法 2-1　SGD 算法

输入：参数θ，学习率α，迭代次数 K。

1. for i=0 to K do
2. 计算 B 的损失函数ξ
3. 通过反向传播计算其梯度$\dfrac{\partial \xi}{\partial \theta}$
4. 学习率优化$\nabla\theta \leftarrow -\alpha\dfrac{\partial \xi}{\partial \theta}$
5. 更新参数$\theta \leftarrow \theta + \nabla\theta$
6. End for
7. Return；返回训练好的参数

2. 自适应学习率算法

为了解决学习率优化问题，自适应学习率算法通过自动调节学习率，能够加快训练算法的收敛速度，如 Adam、RMSprop、Adagrad 算法等，受到了研究人员的推崇。其中，Adam 算法利用梯度的一阶矩估计和二阶矩估计模式，自适应地调整每个参数的学习率的方法，每个步长都将根据每个变量遇到的梯度自动调整，如算法 2-2 所示。它的优点是经过偏置校正后，每一次迭代学习都有一个确定的范围，使得参数比较平稳。

算法 2-2　Adam 算法

输入：参数θ，学习率α，迭代次数 K，β_1=0.9，β_2=0.999，ε=10^{-8}，初始化。

1. for i=0 to K do
2. 计算 B 的损失函数ξ及其梯度$\dfrac{\partial \xi}{\partial \theta}$
3. 更新一阶矩$m_t \leftarrow \beta_1 \cdot m_{t-1} + (1-\beta_1)\cdot\dfrac{\partial \xi}{\partial \theta}$
4. 更新二阶矩$\upsilon_t \leftarrow \beta_2 \cdot \upsilon_{t-1} + (1-\beta_2)\cdot\left(\dfrac{\partial \xi}{\partial \theta}\right)^2$
5. 校正一阶矩$\hat{m}_t \leftarrow \dfrac{m_t}{1-\beta_1^t}$

6. 校正二阶矩 $\hat{v}_t \leftarrow \dfrac{v_t}{1-\beta_2^t}$

7. 学习率优化 $\nabla\theta \leftarrow -\alpha \dfrac{\hat{m}_t}{\sqrt{\hat{v}_t}+\varepsilon}$

8. 更新参数 $\theta \leftarrow \theta+\nabla\theta$

9. End for

10. Return；返回训练好的参数

2.5.5 卷积神经网络

卷积神经网络是一种带有卷积结构的前馈神经网络，具有很强的表征学习能力，有效减少了神经网络参数规模，缓解了模型的过拟合问题，提升了模型训练速度。卷积神经网络具有类似人眼视觉系统的平移不变性，可以更加高效地识别图像。卷积神经网络可以进行有监督学习和非监督学习任务，它的隐含层内的卷积核的权值共享方式及各层间连接的稀疏性，使卷积神经网络可以使用比较少的计算资源，对格点化特征(图像、语音数据)等进行学习，主要应用于图像分类、人脸识别、目标检测、语音识别和强化学习等领域。

卷积神经网络主要由卷积层、池化层、全连接层 3 部分构成。

1. 卷积层

卷积层由卷积核和激活函数构成。卷积核类似于滤波器原理，不同的卷积核可以提取不同的特征。实现图像处理任务时，输入图像的一个小区域像素加权平均后成为输出图像的每一个对应像素，这些权值由某个函数定义，这个函数即为卷积核，常见的卷积核有低通滤波器、高通滤波器、边缘检测滤波器等。步长是卷积核在图像中小区域的间隔，步长越小，相邻步感受野之间的重复区域越多，则特征提取的精度越高。一般要设置的参数包括卷积核的数量、大小、步长及激活函数的种类，这将影响输出图像的大小和精度。例如，当原始图像为 4×4 像素时，卷积核大小为 3×3 像素，卷积步长为 1 时，卷积后输出的图像大小为 2×2 像素，卷积过程如图 2-4 所示。实际应用中，图像大小和规模都比较大，通道也比较多，模型的卷积核及层数比较多，卷积计算比较复杂。

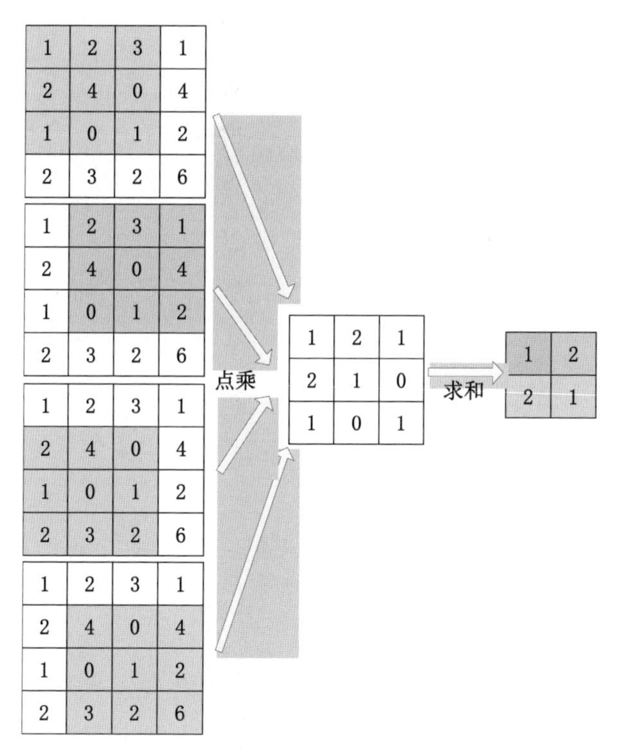

图 2-4　卷积过程

2. 池化层

池化层利用数据相关性进行下采样，有最大值池化和平均值池化两种方法，可以减小计算量并引入非线性，如图 2-5 所示。最大值池化随着卷积核移动，留取该区域最大像素值，此方法关注特殊(数字大)的像素值作为特征代表。平均值池化采用该区域像素的平均值作为特征参量，此方法获得的数据比较平滑，边缘不突出。

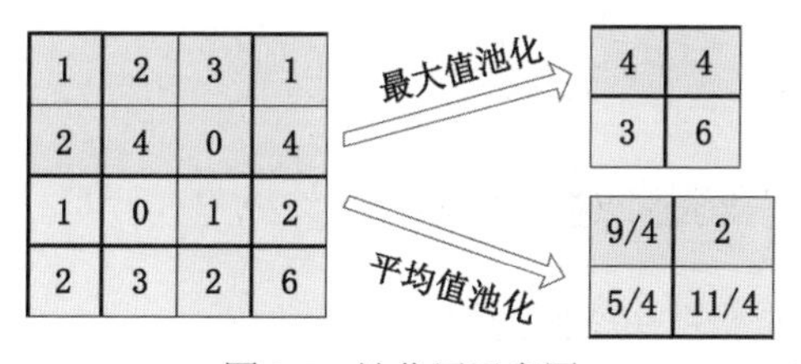

图 2-5　池化层示意图

3. 全连接层

全连接层的每个单元都与前一层的每个单元相连接，一般采用 softmax 激活函数进行概率引导分类。全连接层与卷积层原理相似，是可以互换的。

卷积神经网络是一种多层的有监督学习神经网络，隐含层的卷积层和池化层交替出现的模式，可以实现强大的特征提取功能。利用采用梯度下降算法的最小化损失函数，可以对网络中的权重参数逐层反向调节，通过持续的迭代训练优化模型网络。隐含层的权值共享的特点减少了参数规模，简化了网络结构，适应能力更强。

2.6 本章小结

本章回顾了稀疏表示、协同表示、核稀疏表示和核协同表示、稀疏字典学习和深度学习的基本概念、模型及算法求解过程，这些模型和算法至今仍然在人脸识别、目标追踪和分类、图像去噪和超分辨率重建、数值计算等领域有较深的影响。接下来的章节将主要介绍本书提出的非约束情况下人脸识别算法在用户信息网络安全问题上做出的各种贡献。

第3章　非约束性用户的识别方法

本章主要内容

- 非约束性人脸识别问题
- 相关工作的回顾和知识点
- 可变遮挡探测和迭代恢复稀疏表示模型与构造方法
- 相关的实验结果及分析

3.1　非约束性人脸识别问题

人脸识别被视为安全、便捷的识别方式，已经融入人们的工作和生活。目前，很多商用人脸识别系统可以精准地识别正常环境人脸特征，人脸识别成为身份验证的主流方式，在很多领域有着广泛的应用前景。人脸识别系统中，正常可见光无遮挡人脸图片识别最容易实现且代价最小，是约束可控条件下的主要识别模式。人脸图像部分连续遮挡(例如被眼镜、墨镜、口罩、帽子、围巾遮挡或受化妆、发型等影响)图片的识别属于非约束场景识别问题，是常见的人脸识别难题之一。遮挡导致的人脸部分关键信息的丢失，使原始人脸特征表示不足或数据不均衡，成为人脸识别的干扰因子，影响识别技术实用化的效能，现实应用中也会增加冒用人脸信息和识别错误的风险。各种人脸图像部分连续遮挡示意如图 3-1 所示。为了解决这些非约束条件下的人脸识别问题，许多研究人员不断研究和尝试新的思路与方法，努力提升识别效果，增强识别系统的鲁棒性。

SRC 算法利用基于 ℓ_1 范数最小化的方法进行稀疏编码和稀疏表示，在解决遮挡和噪声问题上都取得了很好的效果。在该算法的启发下，Yang Meng 等提出鲁棒稀疏编码，通过寻找稀疏回归问题的最大似然估计解，构造经典的迭代重加权算法框架，并嵌入稀疏编码求解过程，在解决非遮挡和遮挡问题时都取得了很好的效果。

图 3-1　各种人脸图像部分连续遮挡示意图

He Ran 等[39]提出一个两步鲁棒人脸稀疏表示的方法，把人脸识别过程分为遮挡探测阶段和识别阶段。他们在人脸探测过程中采用加权线性回归方法探测图像中的噪声和异常值，在识别阶段，大规模的数据集通过最近邻方法过滤为较小集合之后，再通过稀疏表示进行分类。这种方法取得了很好的识别性能，而在时间消耗上是经典 SRC 方法处理大数据集的 1/5。Deng Weihong 等提出的扩展 SRC 和叠加的 SRC，构建了辅助的变化字典表示训练样本和测试样本间可能的变化。这类字典中的原子是通过计算示例人脸集的类间样本差异得到的，可以很好地解决小样本问题或采样欠缺的人脸问题，特别是人脸连续遮挡问题。杜杏菁等[40]提出自动多值掩模 PCA 人脸重建模型，利用待测样本和标准样本的特征脸差估计遮挡部位，再通过求解最优遮挡人脸合成系数生成多值变化掩模模型，重建人脸进行识别，提升了遮挡人脸识别效果。

朱明旱等[41]尝试对图像进行多级分块，构造非正交具有一定冗余度的遮挡字典，并利用稀疏表示在图像子空间内实现人脸表情的辨认，这种方法得到的稀疏编码更具有鲁棒性，避免身份类别信息对表情识别的干扰。Andrés 等[42]提出一种基于压缩感知的人脸连续遮挡区域探测的方法，并在识别过程中排除这些遮挡像素，仅用能提供身份信息的人脸部分进行识别工作。Ou Weihua 等提出了一个遮挡字典学习的方法，在字典学习目标函数中加入了字典正则化项的相互不相干性，把遮挡字典与通用字典分离，便于用遮挡字典把遮挡区域单独稀疏表示出来并在分类中排除，扩展字典的大小也比 SRC 小得多，在处理大面积遮挡或严重光照变化的人脸识别问题时取得了很好的效果。Zhao Zhongqiu 等[43]创新地提出了合作稀疏表示的方法，把前向稀疏表示和后向稀疏表示融合在一起解决鲁棒人脸分类问题，特别是污损和遮挡问题。为了探测和忽略遮挡产生的异常像素，Yu Yufeng 等[44]提出了一种复合尺度误差测量方案，可以生成更稀疏、鲁棒和高区分度的编码，在处理单样本遮挡问题时取得了很好的效果。Yang Xiaohui 等[45]将稀疏分类识别问题归结为线性回归问题，针对 SRC 算法标记样本不足时的不稳定性提出了一种基于低秩稀疏约束的无标记数据驱动逆投影伪全空间表示分类模型，用于挖掘所有可用数据中隐藏的语义信息和内在结构信息，适用于解决人脸正面识别中标记样本较少和标记样本与未标记样本比例失衡的问题。

虽然很多算法在处理遮挡人脸识别问题时有很好的识别性能，但有一点值得注意，在大部分处理遮挡人脸识别问题的算法里，经常以同时移除测试样本和训练样本遮挡部位(异常值)来进行分类识别。这种做法忽略了人脸图像本身的全局特征，可能会损失重要的人脸关键特征而造成误分类。Li Yuelong 等[46] 提出了一种擦除遮挡的人脸识别算法，通过还原人脸样本的全局特征进行识别。该算法首先通过下采样 SRC(Downsampled SRC，DSRC)算法探测可能的遮挡像素位置，然后用 PCA 算法重建遮挡部位，实现人脸遮挡的擦除，最后用完整的无遮挡的人脸进行识别实验，这个过程中遮挡探测和样本识别是分离的。但在他们的算法中，没有考虑到遮挡位置精确性对识别结果产生的影响，并且也没有深入讨论常见的围巾遮挡等大面积遮挡问题。Yang Meng 等提出的鲁棒正则化编码(RRC)可以有效探测人脸图像中的异常值(连续遮挡部位)，用迭代重加权正则化鲁棒编码求解一个最大的后验概率解，来有效处理 RRC 模型，对之前的 RSC 算法进行延伸和补充。而且他们提出的另一个算法——工作结构正则化鲁棒编码(SRRC)，在系数过程中加入了更多结构信息，使算法更具鲁棒性和精确性。

考虑到样本的全局特性更能体现人脸的本质和整体特征，本章提出一种人脸图像的可变遮挡探测和迭代恢复的识别算法(Varying Occlusion Detection and Iterative Recovery，VOD&IR)，属于机器学习中的一种浅层遮挡字典学习分类算法。主要的贡献如下：①通过稀疏分解得到图像的误差矩阵，利用图像处理和交集聚类的方法，有效地探测出人脸图像的部分连续遮挡的精确位置，得到可变的遮挡地图；②根据优化的遮挡地图，对遮挡部位进行迭代的恢复和还原，再抽取新的、消除遮挡的完整人脸图像全局特征应用到识别过程；③比较三种典型的人脸遮挡地图探测算法的结果，分析并验证本章提出的算法对探测遮挡和处理遮挡问题的有效性。

3.2 相关工作的回顾

3.2.1 鲁棒稀疏表示

第 2 章总结了通用稀疏表示的相关工作，此处补充说明针对遮挡和噪声的鲁棒稀疏表示方法。当测试样本 $\boldsymbol{y}$ 被遮挡或者被污染了，可以用单位矩阵 $\boldsymbol{A}_d \in \mathbf{R}^{M\times M}$ 作为附加字典，对人脸图像异常值进行编码：

$$\hat{\boldsymbol{x}} = \arg\min_{\boldsymbol{\alpha},\boldsymbol{\beta}}\{\|\boldsymbol{y}-[\boldsymbol{A},\boldsymbol{A}_d][\boldsymbol{\alpha};\boldsymbol{\beta}]\|_2 + \lambda\|[\boldsymbol{\alpha};\boldsymbol{\beta}]\|_1\} \tag{3-1}$$

其中，$\hat{\boldsymbol{x}}=[x_1;\ x_2;\cdots x_N;x_{N+1};\cdots x_{N+M}]$，$\boldsymbol{\alpha}=[x_1;\ x_2;\cdots x_N]$，$\boldsymbol{\beta}=[x_{N+1};\cdots x_{N+M}]$为稀疏编码。所以 $\boldsymbol{y}$ 可以被简化的稀疏分解为

$$\boldsymbol{y}=\boldsymbol{A\alpha}+\boldsymbol{A}_d\boldsymbol{\beta}=\boldsymbol{y}_0+\boldsymbol{e}_0 \tag{3-2}$$

其中，$\boldsymbol{y}_0=\boldsymbol{A\alpha}$ 和 $\boldsymbol{e}_0=\boldsymbol{A}_d\boldsymbol{\beta}$ 可以分别构成本章算法需要的误差矩阵和恢复矩阵，

而字典也被分为通用字典和初始遮挡字典。

Li Yuelong 等在探测遮挡部位时，直接对 $\boldsymbol{e}_0$ 进行二值化并进行图像膨胀，但由于二值化阈值的不确定性和图像处理的无组织化，导致得到的遮挡地图的范围可能不够精确，遮挡边界的处理也不够平滑，这会影响图像无遮挡位置的保护、遮挡位置的重建和最后的分类结果。而本章所介绍的算法对 $\boldsymbol{e}_0$ 进行图像处理后再二值化，使遮挡地图的边缘更加平滑，逼近真实的边界，有利于后续图像重建和分类。

3.2.2　鲁棒稀疏编码算法

鲁棒稀疏编码(RSC)算法寻求稀疏回归问题的最大似然估计解，在非遮挡和遮挡人脸识别中取得了不错的效果。加权 LASSO 问题如下：

$$\min_{\alpha}\left\|\boldsymbol{W}^{1/2}(\boldsymbol{y}-\boldsymbol{D}*\boldsymbol{\alpha})\right\|_2^2,\quad \|\boldsymbol{\alpha}\|_1\leqslant T \tag{3-3}$$

其中，$\boldsymbol{W}$ 是加权矩阵，通过迭代的重加权稀疏编码得到；$\boldsymbol{D}$ 和 $\boldsymbol{\alpha}$ 分别为样本字典和稀疏编码。

通过求解上述模型，人脸图像的异常值权值接近 0，而未遮挡部位权值较大，因此 RSC 算法会在识别过程中删掉这些异常值进行图像分类，而不是重建图像。由于 RSC 算法通过离散计算得到加权地图(二值化后)，可以显示异常值的位置，也即遮挡地图范围的粗略估计，对遮挡位置有一定的指导作用。所以本章先应用 RSC 算法探测到遮挡地图的粗略边界，再用本章提出的算法在得到的初始遮挡地图上进行聚类修正，使遮挡地图位置更精确，为之后的图像重建及全局特征识别提供向导。

3.3　可变遮挡探测和迭代恢复稀疏表示模型

本节详细介绍本章提出的可变遮挡探测和迭代恢复稀疏表示模型，该模型的使用分为两个阶段：可变遮挡探测(Varying Occlusion Detection，VOD)阶段和迭代恢复(Iterative Recovery，IR)阶段。VOD 是 IR 的预处理步骤，制约 IR 的复原效果，而

IR 需要依赖 VOD 探测的精确范围进行图像的重建，重建的整体人脸图像应用经典算法进行分类，验证 VOD&IR 算法的有效性。具体来说，VOD 阶段主要负责探测精确的遮挡地图范围，而 IR 阶段借助 VOD 过程中得到的图像布局进行迭代恢复重建完整的人脸图像，也即进行人脸图像连续遮挡的探测和消除遮挡这两个过程。所以，如何利用算法探测出更精确的遮挡地图，并指导图像在遮挡地图范围内的迭代恢复是本章的重点内容，如图 3-2 所示。在本章提出的 VOD&IR 算法里，首先对测试样本进行鲁棒稀疏分解，根据优化的遮挡字典，得到原始的误差矩阵 $\boldsymbol{e}_0$ 和恢复矩阵 $\boldsymbol{y}_0$，其中 $\boldsymbol{e}_0$ 矩阵用于遮挡地图范围的精确探测，$\boldsymbol{y}_0$ 矩阵用于迭代恢复遮挡缺失图像和样本识别。

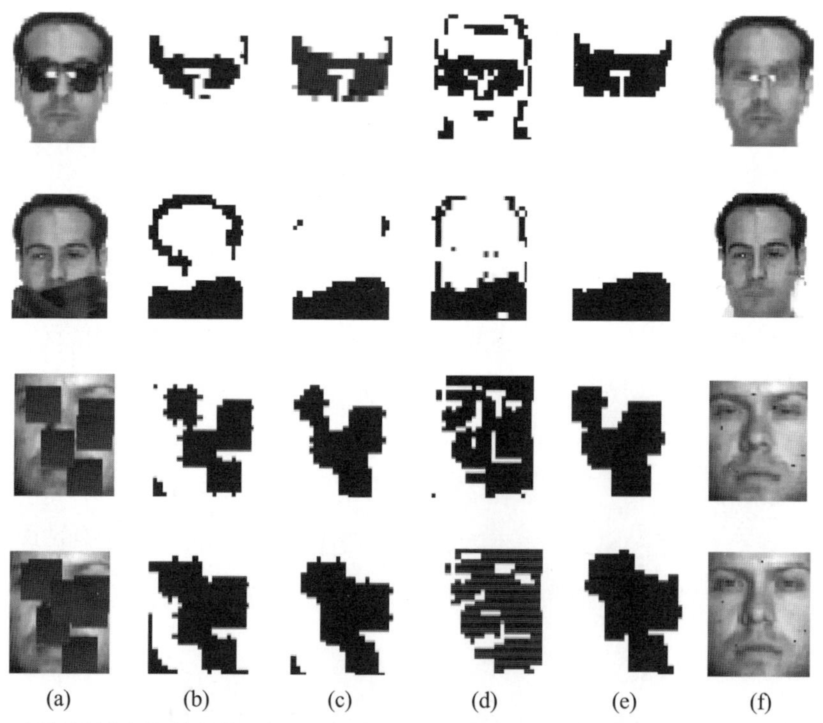

图 3-2　人脸遮挡探测与恢复的示例：(a)带有各种可变遮挡的待测图像；(b)通过 DSRC 算法探测的遮挡部位矩阵 Om_DSRC(黑色像素表示遮挡)；(c)通过 K-SVD 算法探测的遮挡部位矩阵 Om_K-SVD；(d)通过 RSC 算法探测的遮挡部位矩阵 Om_RSC；(e)通过 VOD 算法探测的遮挡部位矩阵 Om_VOD；(f)IR 过程中迭代恢复的完整人脸图像

3.3.1 VOD 过程

为了获得更好的探测结果，应用图像处理和基于交集聚类组合(Image Processing and Intersection-based Clustering Combination，IPICC)的方式进行遮挡区域的探测。由于遮挡部位一般为连续的，所以在提取遮挡矩阵时，可以通过绘制遮挡轮廓的方法来确定遮挡边界，这样可以有效地平滑遮挡边缘，消除噪声毛刺，使探测到的遮挡地图更接近真实遮挡形状。

首先，将经过稀疏分解得到的初始误差图像矩阵矢量恢复为图像格式矩阵，再进行 K-SVD 降噪，具体做法为：计算过完备训练字典 $\boldsymbol{D}$，然后用很多分块来稀疏表示误差图像，达到图像降噪的目的。由于异常值的像素与普通值的像素有差别，所以通过降噪以后，异常值会更加突出，便于后续绘制遮挡轮廓。

$$\min_{\alpha_i}\{\|\boldsymbol{y}_i-\boldsymbol{D}*\boldsymbol{\alpha}_i\|_2^2\},\quad \|\boldsymbol{\alpha}_i\|_0\leqslant T_0(i=1,2,\cdots,K) \tag{3-4}$$

其中，$\boldsymbol{D}*\boldsymbol{\alpha}_i$ 表示小块，T_0 是一个取值较小的阈值，K 是分块的总数。根据有效轮廓模型(Active Contour Model，ACM)方法绘制遮挡部位的曲线，由于平缓绘制的方法可以擦除毛刺和干扰，更符合实际的连续遮挡的形状，这样就得到了一个半成品的遮挡部位降噪矩阵 Om_K-SVD，如图 3-2(c)所示。

为了完善和修正遮挡字典，需要计算稀疏回归解得到遮挡估计矩阵 Om_RSC，用来修正上面绘制的遮挡部位。此处，修正方法采用交集聚类的方法，如式(3-5)，并对得到的遮挡部位图像进行膨胀和侵蚀。由于空间的互补性，最终优化和修正的遮挡地图 Om_VOD 更接近真实遮挡区域，如图 3-2(d)(e)所示。

$$\mathrm{Om\_VOD}=\mathrm{Om\_K\text{-}SVD}\cap\mathrm{Om\_RSC} \tag{3-5}$$

IPICC 方法的应用可以使遮挡内容的表示更突出，不同于 DSRC 探测遮挡区域仅靠对误差矩阵 $\boldsymbol{e}_0$ 进行阈值二值化的方法，本章提出的算法可以擦除更多遮挡边界的毛刺和噪声，如图 3-2(b)(e)所示。同时，本章讨论和分析了人脸大面积的遮挡(例如围巾遮挡)问题，而 DSRC 方法忽略了这类问题。得到不同遮挡模式下人脸图像的精确遮挡地图后，可以进行人脸遮挡部位复原的操作。

3.3.2 IR 过程

在 IR 过程中，先保存未遮挡部位，只着重修复遮挡部位的图像。根据精确的遮挡地图，重建人脸遮挡位置的图像，经过数次迭代可得到完整的、消除遮挡的(干净的)人脸图像，之后提取全局人脸特征进行分类测试。具体做法为：首先用 3.3.1 节得到的遮挡地图去蒙版原始遮挡图像，目的在于把图像区分为未遮挡部位和遮挡部位两部分。

$$\begin{aligned} \boldsymbol{y} &= \boldsymbol{y}_0 + \boldsymbol{e} \\ &= \boldsymbol{y}.*\mathrm{Om\_VOD} + \boldsymbol{y}.*(\sim\mathrm{Om\_VOD}) \end{aligned} \tag{3-6}$$

接下来利用稀疏分解得到近似人脸数据 $\boldsymbol{y}_0$，也对遮挡蒙版和前面保存好的原图未遮挡部分进行组合，弥补图像由于连续遮挡缺失的数据，得到初始的干净人脸图像。对新图像再次进行稀疏分解，重复图像组合过程，进行一定次数的重复迭代的恢复和图像组合，最终擦除遮挡并还原完整人脸图像，再投入图像分类识别过程，如图 3-2(f)所示。

$$\boldsymbol{\varPsi}_{\boldsymbol{y}_0} = [\boldsymbol{y}_0^{(0)}, \boldsymbol{y}_0^{(1)}, \boldsymbol{y}_0^{(2)}, \cdots]，\ \boldsymbol{\varPsi}_{\boldsymbol{y}_R} = [\boldsymbol{y}_R^{(0)}, \boldsymbol{y}_R^{(1)}, \boldsymbol{y}_R^{(2)}, \cdots] \tag{3-7}$$

$$\boldsymbol{y}\ \mathrm{combine}\ \boldsymbol{\varPsi}_{\boldsymbol{y}_0} \to \boldsymbol{\varPsi}_{\boldsymbol{y}_R} \tag{3-8}$$

其中，$\boldsymbol{\varPsi}_{\boldsymbol{y}_R}$ 是重建图像集，$\boldsymbol{\varPsi}_{\boldsymbol{y}_0}$ 是遮挡弥补图像集，通过迭代的恢复使两个集合更加逼近。并且，原始保存未遮挡图像块和新恢复的遮挡部位图像块的边界，也通过迭代的递归算法逐渐消除，使图像更接近未遮挡的人脸图像。迭代的次数可以按照遮挡比例的大小进行调节，操作会在实验章节进行讨论。

3.3.3 VOD&IR 算法描述

VOD&IR 算法分为两部分：VOD 算法和 IR 算法，如算法 3-1 和算法 3-2 所示。算法 3-1 是算法 3-2 的探测预处理算法，算法 3-2 能反映算法 3-1 探测的有效指导程度，并完成既定的分类任务。两个算法分别描述如下。

算法 3-1　VOD 算法

输入：训练样本 $\boldsymbol{A}$，测试遮挡样本 $\boldsymbol{y}$，参数 λ 。

输出：遮挡地图矩阵 Om_VOD 。

(1) 初始化：对 $\boldsymbol{A}$ 进行统一的 l_2 规范归一化操作。

(2) 利用式(3-1)和(3-2)，对样本 $\boldsymbol{y}$ 通过字典 $\boldsymbol{A}$ 进行稀疏表示和稀疏分解，得到稀疏系数 $\hat{x} = <\hat{\alpha};\hat{\beta}>$ 、稀疏分解项 $\boldsymbol{y}_0$ 和 $\boldsymbol{e}_0$ 。

(3) 利用式(3-4)，对误差图像降噪并获得重构的误差图像。

(4) 利用 ACM 算法绘制遮挡边界曲线，并对探测到的遮挡部位进行二值化处理，得到只包含 0 或 1 值的 Om_K-SVD 矩阵，其中 0 代表遮挡像素。

(5) 利用式(3-3)，计算修正矩阵 Om_RSC，利用式(3-5)的空间互补性算法对前面得到的 Om_K-SVD 进行交集聚类处理，擦除了干扰和毛刺，得到优化的遮挡地图。

结束。

算法 3-2　IR 算法

输入：训练样本 $\boldsymbol{A}$，原测试遮挡样本 $\boldsymbol{y}$，参数 λ ， Om_VOD ，恢复矩阵 $\boldsymbol{Y}_0$ 。

输出：最终分类结果。

(1) 计算得到恢复的完整人脸 $\boldsymbol{y}_R$ ：

$$\begin{aligned} \boldsymbol{y}_0^{(i)} &= \boldsymbol{y}_R^{(i)} - \boldsymbol{e}_0^{(i)} \\ \boldsymbol{y}_R^{(i+1)} &= \boldsymbol{W} \times \boldsymbol{y} + \tilde{\boldsymbol{W}} \times \boldsymbol{y}_0^{(i)}, 0 \leqslant i \leqslant i_{\max} \end{aligned} \tag{3-9}$$

其中， $\boldsymbol{y}_0^{(0)}$ 来源于原始的 $\boldsymbol{Y}_0$ ， $\boldsymbol{y}_0^{(i)}$ 和 $\boldsymbol{e}_0^{(i)}$ 是通过对 $\boldsymbol{y}_R^{(i)}$ 稀疏分解迭代更新，$\boldsymbol{W}$ 是遮挡地图矩阵 Om_VOD ， $\tilde{\boldsymbol{W}}$ 是 $\boldsymbol{W}$ 求反的矩阵， $i_{\max}$ 是最大迭代次数。

(2) 计算稀疏残差：

$$\boldsymbol{e}_i(\boldsymbol{y}) = \left\| \boldsymbol{y}_R - \boldsymbol{A}_i \hat{\alpha}_i \right\|_2 \tag{3-10}$$

(3) 对测试样本 $\boldsymbol{y}$ 最终分类：

$$\text{Identify}(\boldsymbol{y}) = \arg\min_i \{\boldsymbol{e}_i\} \tag{3-11}$$

结束。

3.4 实验结果及分析

本书分别在标准数据库 Extended Yale B、LFW、AR 人脸数据库上测试本章提出的 VOD&IR 算法处理遮挡问题的性能，测试样本都带有模拟或真实的连续部分遮挡。所有的实验都在同一配置的 MATLAB2017 平台上完成。首先讨论各算法最佳参数的设置，接下来根据与 SRC、CRC_RLS、LH_ESRC[58](Low-rank and HOG feature based Extended SRC)、RSC、RRC_L_2、SRRC_L_2 等算法比较的实验结果，验证本章提出的 VOD&IR 算法处理遮挡问题的有效性。最后用本章提出的算法和其他 3 种典型的遮挡探测算法确定遮挡地图，再分别利用 4 种遮挡地图来恢复图像(恢复图像的迭代次数及算法均相同)，根据对复原图像分类的结果，说明遮挡部位的探测精确度对图像还原的重要性。

在分类实验中，重建的恢复图像通过基础分类算法 CRC_RLS 和 SRC 算法进行分类，分别表示为 VOD&IR_CRC_RLS 和 VOD&IR_SRC。当然，本章提出的恢复图像算法也可以与其他高性能分类器配合使用，在以后的学习中会进一步讨论，读者也可以自行进行配合，本章的关注重点在于遮挡探测和遮挡消除问题。

3.4.1 参数设置

为了提高算法的有效性，本算法应用下采样方法降低图像维度，同时加快了识别速度。在遮挡探测和遮挡消除的两个步骤中，统一把 SRC 和 DSRC 算法中的 λ 值设定为 0.1，所有 CRC_RLS 算法中的 $\boldsymbol{K}$ 值也设为 0.1。其他各算法的参数较为复杂，都保持它们所在文献中提到的最佳值，以确保各算法可以取得最好的实验结果。

另外，本章所提出的 VOD&IR 算法中恢复图像时的迭代次数，根据实验内容的不同可以适当调整。通常情况下，在遮挡范围较小或遮挡灰度起伏不大的情况下，迭代次数可以取较小值(2 或 3)。但如果遮挡面积较大，例如围巾遮挡或虚拟的遮挡比例较大时，考虑到图像的恢复效果和图像边界过渡平滑性，要进行多次迭代才可以达到比较好的恢复遮挡部位效果，然而迭代次数过多会增加算法的复杂度，并极大拖慢实验速度，为了获得图像复原效果和时间消耗的平衡，所以设定最大迭代次数不超过 12。

3.4.2 模拟块遮挡

本小节分别在两个人脸数据库 Extended Yale B 和 LFW 上进行模拟遮挡样本测试的实验，并进行几种算法的实验结果的比较和分析。实验中构造了各种遮挡块，模拟现实生活中的随机连续遮挡，且各实验相互独立。

1. Extended Yale B 人脸数据库上的实验

Extended Yale B 人脸数据库包含 38 个人的正面人脸图像，这些图像在 9 种不同姿势和 64 种不同的光照条件下采集。为了验证本章提出的 VOD&IR 算法探测遮挡和还原图像的能力，应用 Extended Yale B 人脸数据库的一个子集，对包含每人 30 幅从自然到缓和光照的图像进行实验。图像的尺寸被裁剪为 48×42，为了降低维数并提高识别效率，图像均下采样至 24×21。但绘制遮挡区域曲线的时候仍在原尺寸下进行，这是为了避免尺寸过小导致的图像遮挡边缘失真。由于实际环境中的人脸遮挡部位不一定在同一灰度水平，因此应用渐变颜色块(不是纯黑色或纯白色遮挡)模拟遮挡块，每个遮挡块都是正方形的，面积是原图像面积的 10%。下面分别进行两组实验。

(1) 实验一：随机选择每人 18 幅人脸图像作为训练样本，余下的 12 幅图像作为测试样本。3、5、6 和 8 个遮挡块(分别表示为 bk-X(X=3,5,6,8))分别附加在测试样本随机的位置上，作为人脸图像的模拟遮挡部分，如图 3-2(a)所示。由于是随机位置覆盖，所以各遮挡图像被遮挡面积不一定相同。

表 3-1 列出了 Extended Yale B 人脸数据库上不同遮挡块情况下各算法的识别率。可以看出，本章提出的 VOD&IR 算法在不同遮挡比例的情况下，比其他算法拥有更好的识别性能，提升了经典分类器的性能。VOD&IR_CRC_RLS 算法在所有算法中表现最好，特别是在测试 3 个和 5 个模拟块的随机遮挡图像时，甚至达到了 100%的识别率。

表 3-1 Extended Yale B 人脸数据库上不同遮挡块情况下各算法识别率(bk-*X* 表示 *X* 个遮挡块)

对比算法	bk-3	bk-5	bk-6	bk-8
SRC	0.7961	0.6382	0.5855	0.4671
CRC_RLS	0.8289	0.5724	0.5197	0.4737
LH_ESRC	0.8516	0.7134	0.5013	0.4821
RSC	0.9803	0.9605	0.9408	**0.9013**
RRC_L_2	0.9408	0.7632	0.6711	0.5526
SRRC_L_2	0.9509	0.7752	0.6789	0.5614
VOD&IR_SRC	**0.9868**	**0.9803**	**0.9803**	0.8750
VOD&IR_CRC_RLS	**1.0000**	**1.0000**	**0.9605**	**0.9211**

测试遮挡面积较大的 6 个模拟块遮挡时，VOD&IR_SRC 算法识别率超过了 VOD&IR_CRC_RLS 算法，达到了 98.03%的好成绩，反映了基于 ℓ_1 范数的 SRC 算法的稳定性和鲁棒性。在测试遮挡面积较大的 8 个模拟块遮挡时，VOD&IR_CRC_RLS 算法领跑各算法，识别率达到了 92.11%，较基础 CRC_RLS 算法提升了 44.73%。LH_ESRC、RRC_L_2 和 SRRC_L_2 算法的识别率比 VOD&IR_CRC_RLS 算法低约 44%、37%和 36%。

值得注意的是，8 个模拟块遮挡面积较大时，VOD&IR_SRC 算法比 RSC 算法稍弱一些，这是由于 RSC 算法在识别分类中直接删除了异常值，只考虑了剩余局部人脸特征的匹配，而忽略了全局特征。遮挡面积较大时，用于匹配的人脸模块较小，识别率反而比较高，但这种直接删除遮挡算法的识别率不具有参考性，在实际系统中可能会造成较大的识别错误。

由于采用经典算法分类器，可以看出 VOD&IR 算法提高了 SRC 和 CRC_RLS 分类器的性能，使用遮挡面积较大的 8 个遮挡块时，比直接用 SRC 和 CRC_RLS 算法的分类识别率分别提升了约 46%和 47%，比 LH_ESRC 算法提升了约 44%，比 RRC_L_2 和 SRRC_L_2 算法提升了约 37%和 36%，所以 VOD&IR 算法也可以与其他分类性能更好的分类器配合使用，其他配合方式请读者自行测试，本章只关注 VOD&IR 算法的有效性和实用性，不做分类器研究。图 3-3 为 VOD&IR 算法的识别率随迭代次数变化的曲线，可以从中确定最佳的迭代次数，用于调参参考。由图 3-3 可以看出，在 8 个模拟块遮挡时，迭代 4 次可以取得最好的识别结果。

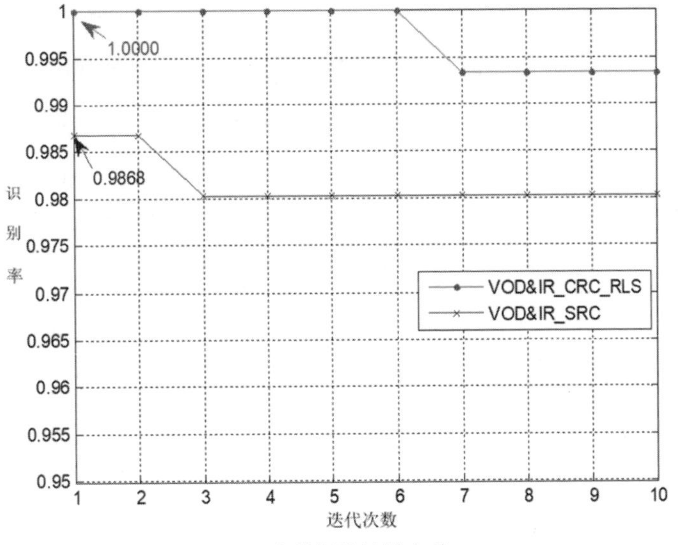

(a) 3 个模拟块遮挡实验

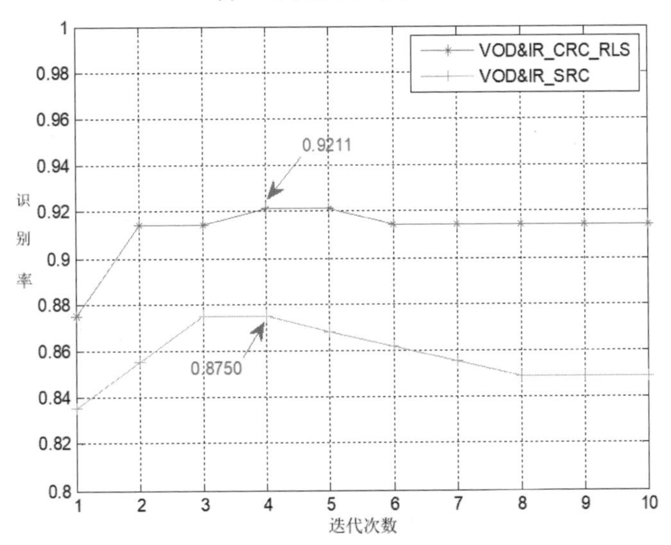

(b) 8 个模拟块遮挡实验

图 3-3　Extended Yale B 人脸数据库上 VOD&IR 算法的识别率随迭代次数变化的曲线图

(2) 实验二：改变训练样本集合，每人分别随机选取 7、8、9、10 幅人脸图像作为训练样本，其他样本作为测试样本，8 个模拟灰度遮挡块随机附加在测试样本上进行遮挡图像测试。由于是随机位置覆盖，所以各遮挡图像被遮挡面积不一定相同。

图 3-4 所示为测试遮挡面积较大的 8 个模拟块遮挡时，各算法识别率随训练样本数量变化的对比图。由图 3-4 可以看出，在这些对比算法中，VOD&IR_CRC_RLS 的识别性能最好，当训练样本数量为 10 时，与原 CRC_RLS 算法相比，识别率提高了至少 46%。与 VOD&IR_SRC 算法相比，经典 SRC 算法的识别性能也被大幅度提升了 35%左右。同时也可以看出，在遮挡面积较大时，RSC 的识别率高于 VOD&IR_SRC，原因已在前面实验中分析过，这里不再赘述。LH_ESRC、RRC_L_2 和 SRRC_L_2 算法的表现优于 SRC，但弱于 VOD&IR_SRC。在通常情况下，基于 ℓ_1 范数约束的算法会比基于 ℓ_2 正则化的算法编码更稀疏，识别性能更稳定，但本节实验中 VOD&IR 算法配合 CRC_RLS 算法取得的结果却优于 SRC，可能是除了模拟遮挡外，SRC 算法对光照较敏感，且原遮挡边界或遮挡残留产生的残差矩阵不够稀疏才导致这种结果。

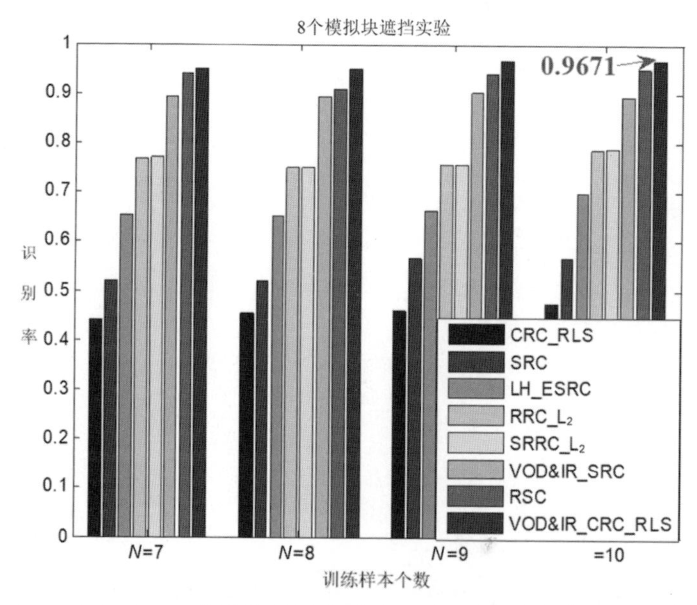

图 3-4 Extended Yale B 人脸数据库上不同算法在不同训练集规模下识别率的对比图

2. LFW 人脸数据库上的实验

LFW 人脸数据库包含 13 000 幅图片，包含不规则的动作、表情、光照和背景等，这些图片不是来自实验室环境，而是从互联网上收集的，经常被用于图像分类测试的竞赛中，是典型的非约束图像集。随机选取 100 人每人 10 幅图像的子集进行测试，图片的尺寸被裁剪为 40×40。为了不影响识别性能又能减小计算量，同样采用下采样 20×20 样本来进行实验，但绘制遮挡轮廓时，下采样图像信息不够全面，需要用原始尺寸图片。随机选择每人的 5 幅人脸样本作为训练样本，其余样本组成测试集。将 0～50%不同比例的狒狒遮挡块随机附加在测试样本上，作为人脸图像的同源遮挡部分。

由图 3-5 的对比结果可以看出，在不同比例的同源遮挡情况下，本章提出的 VOD&IR 算法仍然比其他算法性能更好。VOD&IR_CRC_RLS 算法在非遮挡和遮挡情况下都达到了最好的结果，在非遮挡和 50%遮挡时分别比 CRC_RLS 算法至少提高了 12%和 17%，紧随其后的是 VOD&IR_SRC 算法，也较 SRC 算法有很大的提升，LH_ESRC 算法是 SRC 算法的改进版本，表现强于 SRC，但弱于 R 系列算法。RSC 算法在同源遮挡时，受同源遮挡像素的干扰，识别效果不如上述两种算法，而 RRC_L_2 和 SRRC_L_2 算法原本就是 RSC 算法的改进版本，表现比 RSC 略强。这表明对于非灰度的同源遮挡，本章提出的 VOD&IR 算法仍然可以取得很好的识别效果，证明了遮挡地图探测和遮挡位置图像重建算法的有效性。由于 VOD&IR 算法的主要目标是精确擦除图像遮挡，所以对于动作、表情变化幅度较大的数据库，可以在后期的字典学习和分类算法上进一步提升识别率。

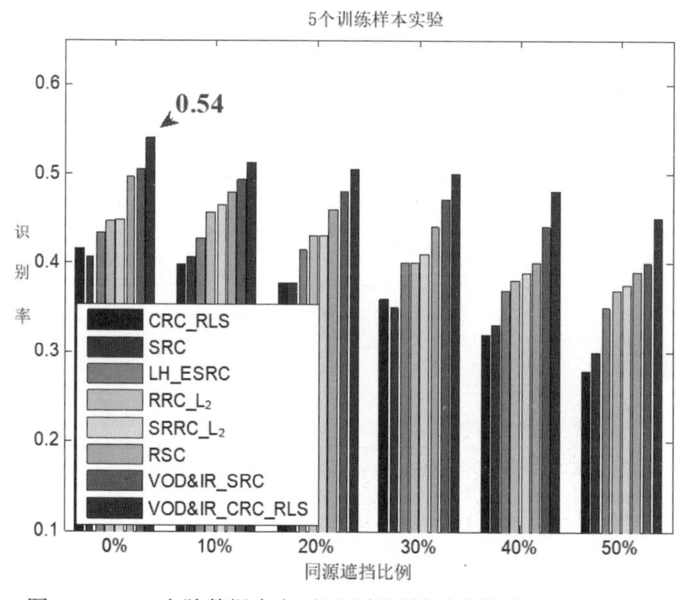

图 3-5　LFW 人脸数据库上不同比例遮挡时各算法识别率对比图

3.4.3 AR 人脸数据库的真实遮挡

AR 人脸数据库是在有一定时间跨度的两个时期进行数据采集的，它包含 120 人(包含男性和女性)每人每期 13 幅图像，分别有不同的光照、表情和遮挡条件。选择每人每期 4 幅无遮挡自然表情的图像作为训练样本，所有的遮挡图像(每人每期不同光照条件下的 3 幅墨镜遮挡图像和 3 幅围巾遮挡图像)作为测试集。图像的尺寸都被裁剪为 50×40，在绘制遮挡轮廓时使用原尺寸，其余实验都采用下采样尺寸为 25×20 的图像。表 3-2 列出了各对比算法对于墨镜遮挡(sg-1(2)：第 1(2)期墨镜遮挡集)和围巾遮挡(sc-1(2)：第 1(2)期围巾遮挡集)的识别率。

由表 3-2 可以看出，VOD&IR_CRC_RLS 和 VOD&IR_SRC 算法都取得了很好的实验结果，在第 2 期墨镜遮挡集中，识别率分别达到 99.44%和 99.72%，比直接采用 SRC 和 CRC_RLS 算法分别提高了 5.83%和 2.5%，比 LH_ESRC 算法提高了 4.32%，比 RSC 算法提高了 21.38%，比 RRC_L_2 和 SRRC_L_2 算法提高了 5.05%和 7.5%。在第 1 期墨镜遮挡集识别中结论也是类似。

表 3-2 AR 人脸数据库上各算法对墨镜(sg-*X*)和围巾(sc-*X*)遮挡集的识别率(*X*=1、2，代表第 *X* 期)

对比算法	sg-1	sg-2	sc-1	sc-2
SRC	0.9611	0.9722	0.3444	0.2861
CRC_RLS	0.9444	0.9361	0.4944	0.4694
LH_ESRC	0.9589	0.9512	0.5368	0.5224
RSC	0.7528	0.7806	0.6611	0.6639
RRC_L_2	0.8750	0.9139	0.6917	0.7083
SRRC_L_2	0.8778	0.9194	0.6972	0.7055
VOD&IR_SRC	**0.9917**	**0.9972**	**0.8556**	**0.8194**
VOD&IR_CRC_RLS	**0.9917**	**0.9944**	**0.8750**	**0.8361**

在第 1 期围巾遮挡集中，VOD&IR_SRC 和 VOD&IR_CRC_RLS 两种算法也有不错的识别率，分别比对应的原 SRC 和 CRC_RLS 识别率提高了 53.06%和 38.06%。VOD&IR_CRC_RLS 的识别率最高，比 LH_ESRC 算法提高了 33.82%，比 RSC 算

法提高了 21.39%，比 RRC_L_2 和 SRRC_L_2 算法提高了约 18%，甚至比 VOD&IR_SRC 算法还要高 1.94%，并且在第 2 期围巾遮挡集中，分类实验比较结果也是类似。可知，在连续遮挡面积大或遮挡情况复杂的条件下，VOD&IR 算法的检测性能、恢复性能、识别性能、鲁棒性能更为突出，可以有效应对遮挡或光照等非约束环境的识别场景。

图 3-6(a)和(b)分别绘制出两期墨镜遮挡集实验时，IR 过程中随迭代次数变化的不同结果，从中可以看出迭代次数为 2 时，VOD&IR_CRC_RLS 和 VOD&IR_SRC 算法就可以达到最佳识别结果。在第 2 期墨镜遮挡集实验中，VOD&IR_CRC_RLS 取得了 99.72%的较高识别率，超过基于 ℓ_1 正则化的 VOD&IR_SRC 算法，因此这种遮挡面积较小的情况，复原图像时迭代次数少，有利于节约算法的时间成本。由图 3-6 也可以看出，随着迭代次数的增加，识别率反而开始下降，这说明小面积遮挡时，遮挡内容随迭代次数增加，可能会出现边缘重合现象，使人脸图像发生错位混叠，影响遮挡擦除的效果。

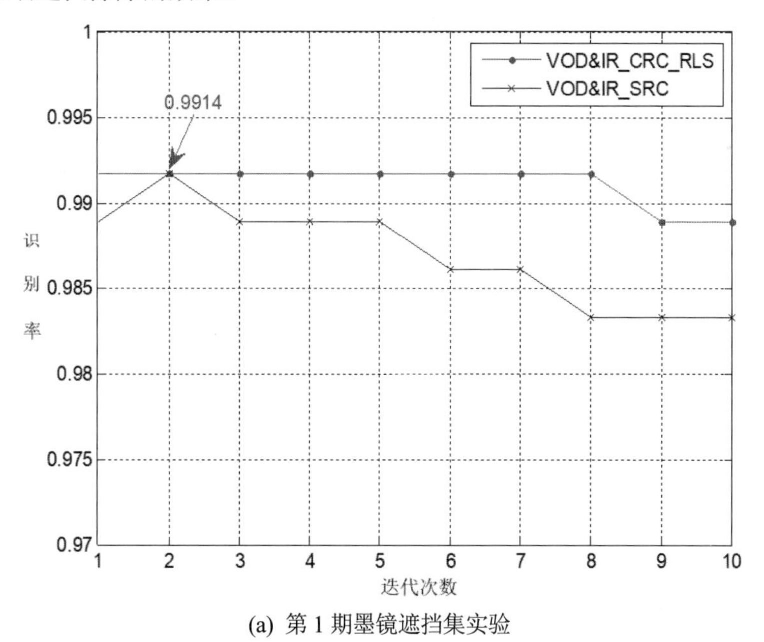

(a) 第 1 期墨镜遮挡集实验

图 3-6　AR 人脸数据库上 VOD&IR 算法对墨镜遮挡集的识别率随迭代次数变化的曲线图

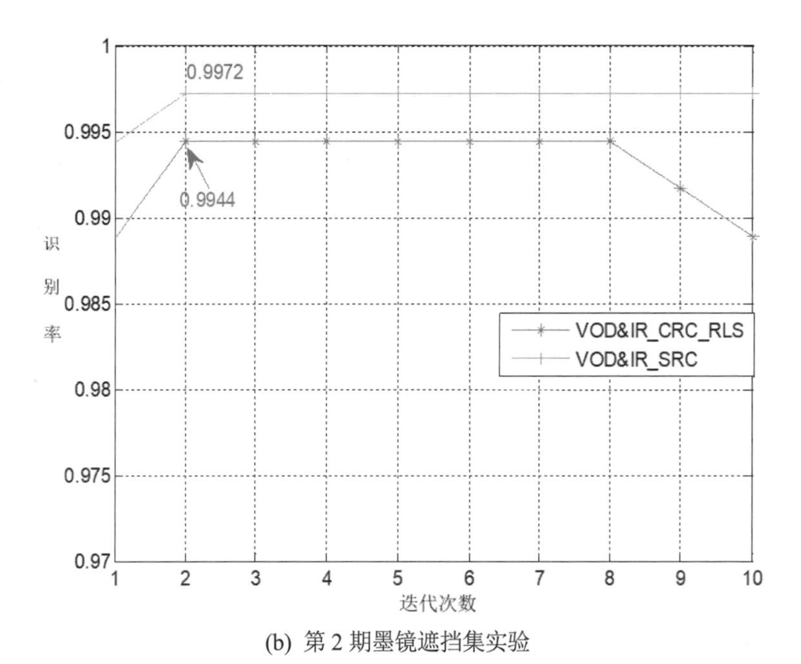

(b) 第 2 期墨镜遮挡集实验

图 3-6　AR 人脸数据库上 VOD&IR 算法对围巾遮挡集的识别率随迭代次数变化的曲线图(续)

由于围巾遮挡面积较大，对遮挡探测和遮挡消除都提出了更大的挑战，必然需要更多次迭代计算过程。观察图 3-7(a)和(b)所示的曲线可以发现，当迭代次数大于 6 时，识别率上升趋势趋于平缓，考虑到算法的精度提升和时间消耗的平衡，迭代次数取值在 6～12 范围内，即可达到比较满意的实验效果。例如第 1 期围巾遮挡集实验中，当迭代次数为 12 时，两种算法都取得了最好的识别率，VOD&IR_CRC_RLS 取得了 87.5%的识别率，高于 VOD&IR_SRC 算法约 2%。在第 2 期围巾遮挡集实验中，当迭代次数为 10 时，两种算法也取得了最佳的识别效果，结果对比与第 1 期实验大致相同。但要考虑的问题是，重建图像时的迭代计算是基于 ℓ_1 范数的，迭代次数的增加必然影响算法的整体速度，时间消耗要远远大于眼镜遮挡等小面积遮挡实验，特别是待恢复的遮挡图像数据集规模较大的情景。

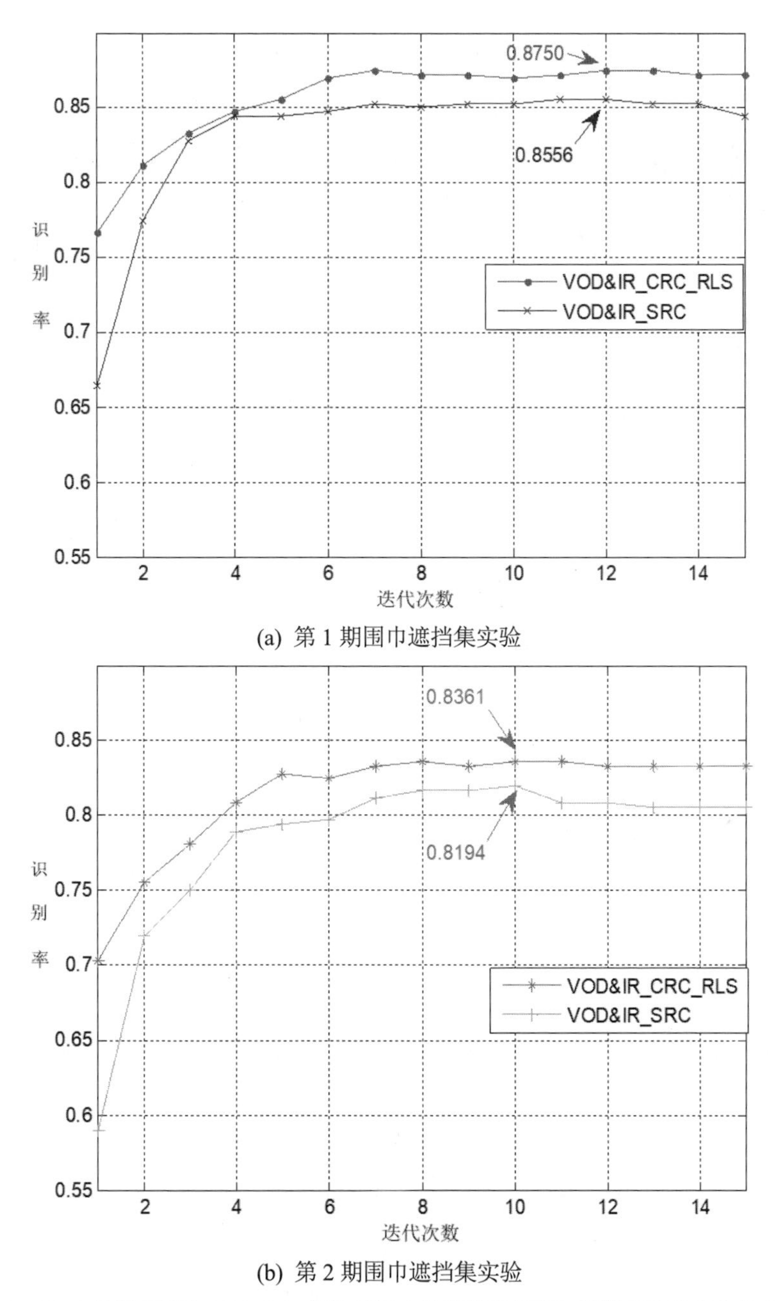

(a) 第 1 期围巾遮挡集实验

(b) 第 2 期围巾遮挡集实验

图 3-7　AR 人脸数据库上 VOD&IR 算法对围巾遮挡集的识别率随迭代次数变化的曲线图

3.4.4 可变遮挡地图精确性评估

在本章介绍的 VOD&IR 算法中，以 VOD 算法预先探测到的精确遮挡地图作为指导，通过 IR 迭代算法补偿合成恢复遮挡子块部分图像，重建新的、完整的、无遮挡的人脸图像进行识别测试，可以有效解决非约束分类问题中的典型人脸遮挡问题。这就要求在擦除遮挡过程中，遮挡地图的范围要更准确，遮挡边界的处理需要更平滑，才能使后续的图像复原工作更有效，因此度量相似性阈值的设定很关键。这种基于图像子块分离重叠的方法，适用于由遮挡引起的图像部分像素扭曲问题。VOD&IR 算法生成尽可能真实的人脸缺失数据，弱化遮挡区域与非遮挡区域的不连续性，使得恢复的人脸图像更加自然，再进行后续的特征提取或属性分类任务，可以取得近似约束场景识别的效果。而在 VOD&IR 算法提出之前，也有一些类似的人脸遮挡部位探测方法，得到遮挡地图分离人脸和遮挡部位，在当时都取得了不错的遮挡擦除效果。下面通过 VOD&IR 算法与这些遮挡探测算法在不同场景下对比测试，评估遮挡地图的精确程度对最终识别结果的影响，验证 VOD&IR 算法的有效性。

本小节分别应用 4 种类似的遮挡探测算法：DSRC、KSVD_SRC、RSC 和 VOD&IR 算法，确定遮挡地图，之后在相同迭代次数下进行图像恢复，最后统一用 CRC_RLS 分类器进行分类。表 3-3 为对利用不同算法得到的不同遮挡地图进行图像还原后算法的识别率。由表 3-3 可以看出，VOD&IR 算法在模拟遮挡(bk-5 和 bk-8)和真实遮挡(sg-2 和 sc-2)场景中均取得了最好的实验结果，这是由于 VOD&IR 算法的遮挡地图是修正和优化后的遮挡矩阵，是对遮挡字典进行优化和学习的结果，所以比其他的算法遮挡定位更为准确，遮挡边界处理更接近真实边界，且消除了轮廓中的部分干扰毛刺，用于图像恢复指导的效果更好。特别是在第 2 期围巾遮挡集实验中，VOD&IR 算法的识别率分别比 DSRC、KSVD_SRC、RSC 算法高 25.83%、15.28%、11.94%，其他场景分类结果类似。由此可见，精确的遮挡地图探测算法可以进一步提高算法在图像重建和分类上的性能。

表 3-3　对利用不同算法得到的不同遮挡地图进行图像还原后算法的识别率

遮挡探测算法	bk-5	bk-8	sg-2	sc-2
DSRC	0.8684	0.6711	0.9917	0.5778
KSVD_SRC	0.9145	0.7763	0.9917	0.6833
RSC	0.9803	0.9145	0.9833	0.7167
VOD&IR	**1.0000**	**0.9211**	**0.9944**	**0.8361**

3.5　本章小结

本章主要介绍一种基于稀疏表示的可变遮挡地图探测和迭代恢复算法，旨在处理人脸连续遮挡问题，这种算法本质上是对遮挡字典的修正和优化的过程。算法利用鲁棒稀疏表示分解的方法，把原稀疏线性表示分解为通用表示和遮挡表示两部分，寻找最佳遮挡字典来有效分解得出误差矩阵，得到较为精确的遮挡地图，再通过遮挡地图擦除人脸遮挡进行图像识别。

具体步骤如下：首先，由于遮挡的连续性，把鲁棒稀疏分解的误差矩阵进行图像处理和基于交集聚类组合，来探测精确的可变遮挡地图，再通过蒙版把遮挡图像分为遮挡和未遮挡两部分。然后，保存未遮挡部位不变，迭代恢复遮挡范围内的图像，再通过遮挡地图重复蒙版，组合原未遮挡部位和新恢复的遮挡部位，在规定迭代次数最大取值范围内重复恢复和组合图像，还原样本的全局特征。最后，把新的、完整的、干净的人脸图像用不同的经典算法进行分类，得到较为满意的结果，也提升了基础分类器的性能。

为了说明精确而平滑的遮挡地图有助于后续图像还原算法的实施，以及人脸属性分类任务，本章还对比了几种近年来提出的相似的探测遮挡算法，实验结果证明了 VOD&IR 探测算法得到的遮挡地图精确程度更高，遮挡边界更平滑。同时也可以证明，精确的遮挡地图探测和迭代补偿合成图像复原方案能有利于生成更逼近真实人脸图像的缺失特征，抽取到的无遮挡图像完备全局特征可以大幅提升算法对非约束性用户的识别性能，取得类似约束场景的识别效果。

对比那些应用了直接移除人脸样本遮挡部位后，抽取人脸局部特征来进行分类的算法，VOD&IR 算法尝试恢复图像中的像素异常值而不是直接摒弃它们，然后利用人脸的关联性和全局性，消除遮挡部位对人脸图像特征数据分布不均衡或不连续的影响，进行全人脸识别，进一步增强算法的抗干扰能力，并符合人类感知方式，克服了删除异常像素引起的数据混淆和比例失衡。根据实验结果可知，VOD&IR 算法在处理部分遮挡问题时优于其他相似算法，其遮挡地图探测方案和迭代补偿恢复遮挡部位方案可搭配性能更佳的分类器，具有广泛的应用前景。

第4章 小样本用户的识别方法

本章主要内容

- 小样本用户识别问题
- 相关工作的回顾和知识点
- 样本组错位原子字典联合核协同表示分类模型
- 相关的实验结果及分析

4.1 小样本用户识别问题

现实生活中，人脸识别应用常受外界非可控环境的干扰，样本常在复杂的背景环境中采集，而且大部分都是小样本识别问题，且由于姿势、光照、表情、年龄的变化，难以充分、完备地表达样本的全部可识别特征。小样本图像识别任务需要人脸识别算法在少量标注数据上进行学习，这类问题在深度学习领域也是典型的难点问题，经常需要用数据增强、迁移学习、元学习等理论来弥补数据不足的问题。如何更好地解决小样本或欠完备人脸识别问题，成为许多研究人员关注的问题。

受稀疏编码和字典学习方法的启发，许多解决欠完备/小样本人脸识别问题的扩展算法不断出现。Su Yu 等[47]针对小样本不完备特征问题，提出了一个通用类判别学习模型，通过耦合线性表示推断每类样本类内散点矩阵和类均值，利用传统 Fisher 线性判决解决小样本人脸识别问题。马炎等[48]对比了很多方法后，通过小波变换生成虚拟图像来扩展单样本字典，增加数据标注特征，是典型的数据增强的思路，并利用优选的Gabor滤波器提取特征以减轻算法对光照的敏感度，提高分类精度。Yang Meng 等[49]对原始字典进行差分变换得到辅助字典，改进了单样本集对待测样本的表达能力，再利用由原字典和辅助字典扩展成的新字典进行稀疏表示分类，较好地处理了常规图像和遮挡图像的识别问题。之后，Yang Meng 等又通过联合投影把通用训练集和参考示例集联系起来，从中提取稀疏变化字典，提高算法在光照、表情、姿态、遮挡变化情况下的识别性能，特别是针对小样本或单样本问题都取得了不错的结果。李月龙等[50]提出了光照差异补偿算法，建立光照补偿空间字典，将光照补偿与人脸识别过程统一起来，没有增加额外的优化复杂度，却有效降低了算法对光照的敏感程度，提高了人脸识别的精确度。Liu Weiyang 等[51]建立了一个基于样本相似度量度的局部约束字典并联合核稀疏表示进行人脸分类，从距离核化的角度联合了重组字典和核协同表示，并且应用了由粗到细的分类方案使得算法更贴近人类感知体验。马晓等[52]认为原训练字典和新建补偿字典对测试样本的表示能力不同，所以对原训练字典和补偿字典进行稀疏约束，提出了松弛稀疏表示人脸判别的算法，充分发挥了扩展字典的优势。Deng 等[53]利用灰度对称人脸将训练样本中的非参考人脸转化为近似参考人脸，很好解决了小样本条件下差分字典识别效果降低的问题。

由于人脸图像通用的对称性，Zhang Hongzhi 等提出了样本对稀疏人脸识别算法，即将原样本和镜像对称样本组建成一个大规模的训练集，充分传递样本的各类变化，获得变化特征信息量更丰富的字典，弥补样本不足引起过拟合的缺点，在一定程度上克服人脸图像不对中问题和姿态、光照等的影响，提高了分类精度，这是对 Xu Yong 等所提出的生成镜像人脸进行字典填充方案的一个扩展。白帆等[54]提出将原训练字典进行主成分分析构成原子字典，联合训练样本字典组成的分子字典共同构成扩展字典，再根据测试样本与扩展字典的相似性计算确定加权矩阵，得到与测试集关联的重构字典，通过鲁棒稀疏表示进行分类，他们还提出了扩展空间和低秩子空间恢复的概念。Mokhayeri 等[55]对 SRC 算法进行扩展，将外部通用集的变分信息合并到辅助字典中引入了一对稀疏表示模型，允许变分信息和合成人脸图像的联合使用，通过解决一个基于稀疏性的优化问题，参考字典与变分字典对相似的姿态角匹配相同的稀疏模式，并且每个人只需要一个样本，实验结果优于基于 SRC 的静态视频人脸识别算法。万立志等[56]提出了用混合域注意力机制联合孪生神经网络解决小样本人脸识别问题的算法，通过比较输出映射向量的相似程度判断样本标签，在训练样本很少的情况下，可以为不同通道的特征图设置不同的权重值，提高模型人脸分类任务的精度。这些针对少量标注样本的图像理解的算法，都利用扩展相关数据的方式弥补了样本特征不足的缺点，在一定程度上有效地解决了小样本人脸识别问题。

为了提高小样本或欠完备条件下人脸识别算法的性能，本章提出样本组错位原子字典联合核协同表示(Sample Group and Misplaced Atom Dictionary for A Joint Kernel Collaborative Representation)分类模型。样本组字典是浅层全局字典，扩展后引入了更多人脸变化特征，可以挖掘更多样本的显式和隐式信息，丰富字典可表达内容，增强字典的鲁棒性，在小样本识别场景下，提升算法的分类性能。本章主要的贡献如下：①由原始和虚拟(仿射变形和镜像对称)样本组按照排列组合顺序建立错位原子字典，在一定程度上弥补了样本的部分缺失特征，扩充了样本变化特征，并增强了字典的编码能力；②为了提高分类精度和缩短时间消耗，构造基于ℓ_2范数正则化联合核协同表示的分类方法，联合核函数既简单又高效，能够在一定程度上提升核函数性能；③通过与一个同样要解决小样本问题的相似人脸识别算法实例比较，分别在不同的数据库上，基于不同的训练样本数目，在不同的样本维度方面进行实验，评估各算法的性能，验证了本章提出的错位原子策略对于分类精度的有效性。

4.2 样本组错位原子字典联合核协同表示分类模型

本章提出的样本组错位原子字典联合核协同表示分类模型由两部分组成：扩展的样本组错位原子字典和联合核协同结构的建立。图 4-1 所示为样本组错位原子字典联合核协同表示分类模型的基本框架示意图。在图 4-1 的图像 1 中，$\boldsymbol{E}_i(i=1,2,3)$表示目标人脸图像不同偏转角度 $Y_i(i=1,2,3)$时，求得的相应误差矩阵，可以看出 Y_1 人脸图像误差矩阵 $\boldsymbol{E}_1$ 的结构最稀疏(矩阵二值化显示)，而 $\boldsymbol{E}_2$ 和 $\boldsymbol{E}_3$ 都比较稠密，原因

在于 Y_2 和 Y_3 人脸图像发生偏移现象。也就是说，未对齐的人脸使得残差矩阵增大，这增加了错误分类的概率，影响分类器性能。

为了获得目标人脸图像最小误差矩阵，本章尝试使用仿射变换的方法获得虚拟的图像，如图 4-1 的图像 2 所示，尽量使样本在有效识别范围内包含更多人脸关键且更规范的信息。所以，将原图和 3 种通过仿射变形得到的相关虚拟图像(图像 2 下方)集成在一起构成扩展训练集，再经过一定规则的重组，得到富含变化且具有更完备样本特征的重组浅层字典组(SGMA dictionary)，提高重组扩展字典的泛化编码能力。之后，应用一个简单而有效的联合核函数算法进行分类，大幅度提高小样本场景下分类器的识别性能。

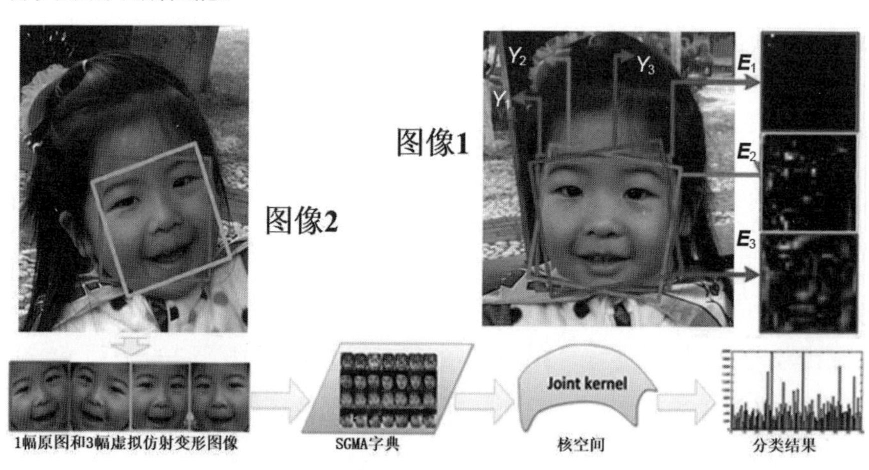

图 4-1　本章提出算法的基本框架示意图

4.2.1　仿射变换原理

为了得到更加稀疏的误差矩阵，对于虚拟图像的生成，应用 Wang Dong 等[57]提出的一种基于在线目标追踪的算法。这种算法经常被用来进行视频图像上目标的追踪和匹配，由于应用了仿射变形的方法，也可以有效解决部分遮挡或对齐图像问题。Wang Dong 等认为，经计算得到的稠密的误差矩阵通常是由于遮挡或未对齐图像造成的，所以提出了一个似然估计的方法来估计误差矩阵的稀疏度：

$$p(\boldsymbol{Y}^i|x^i)=\exp[-(\|W^i\odot(\boldsymbol{Y}^i-\boldsymbol{U}\boldsymbol{Z}^i\boldsymbol{V}^{\mathrm{T}})\|_F^2+\beta\sum(1-W^i))] \tag{4-1}$$

其中，$p(\boldsymbol{Y}|x)$ 用于估计样本隐含状态 $x_t=\{x_t,y_t,\theta_t,s_t,\alpha_t,\phi_t\}$，该状态的 6 个参数分别代表仿射变换模型的参数：横轴平移、纵轴平移、旋转角度、比例、纵横比和斜度，$\boldsymbol{Y}$ 代表测试集，$\boldsymbol{W}$ 反映了误差矩阵 $\boldsymbol{E}=\boldsymbol{Y}-\boldsymbol{UZV}^{\mathrm{T}}$ (通过主成分分析计算)的非零元，$\odot$ 和 β 代表 Hadamard 算子和惩罚项系数。式(4-1)包含了图像的重建误差和稀疏误差矩阵稠密程度，可以充分反映样本的观测模型。此方法也不同于一般人脸关键点定位(例如常见的人眼定位)的方法，而是通过主成分分析计算图像误差矩阵，根据计算结果的稀疏程度来调整每帧的候选仿射变换参数，最终得到对齐或变换的图像，从而达到更好的追踪和识别效果。本章应用的虚拟仿射变形图像就是按此方法预处理计算得到的图像，能够传递出更多的样本变化信息，进而得到特征内容丰富且更具辨识力的鲁棒字典。

4.2.2　样本组错位原子字典

样本组错位原子字典是一个综合性字典，它的创建过程也比较简单、高效。首先，组建 4 个图像集：原始图像集和它的镜像对称图像集，以及原始图像集的仿射变换图像集和相应的镜像对称图像集，分别简称 ORI、ORIM、AFT、AFTM。然后，重组这 4 个训练样本集构成样本组错位原子(Sample Group and Misplaced Atom，SGMA)字典。如图 4-2 所示，每一个图集的原子按照排列组合的方式错位组合，不但扩大了字典的规模，同时也带入了更多样本变化和隐式信息，从而使字典携带的有效和可辨识信息量增多，充分提高了字典的编码能力和区分能力，所以在原训练集较小，甚至单样本的情况下，这种重组的 SGMA 字典可以获得更好的分类结果。

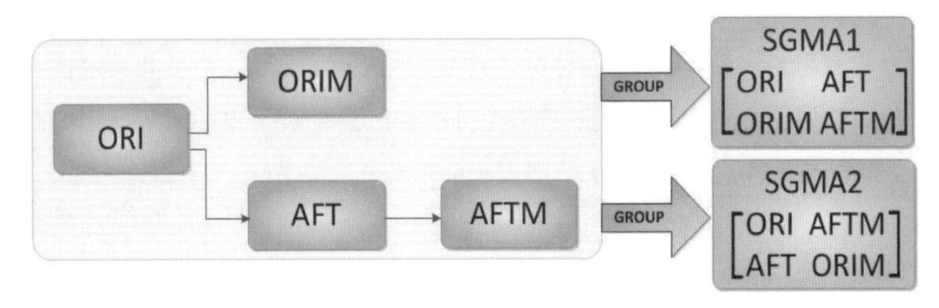

图 4-2　SGMA 字典构造的过程示意图

在本章中，经过比较得到各重组字典，择优选用两种重构字典：SGMA1 和

SGMA2 字典，进行后面的测试，重构方式如图 4-2 所示。假设每人随机选择 n 幅人脸图像作为训练样本，$x_{i,p}^{\text{ORI}}, x_{i,p}^{\text{AFT}} \in \mathbf{R}^{M\times 1}$ 分别代表 ORI 和 AFT 图像集中第 i 类里的第 p 个样本，$x_{i,q}^{\text{ORIM}}, x_{i,q}^{\text{AFTM}} \in \mathbf{R}^{M\times 1}$ 分别代表 ORIM 和 AFTM 图像集中第 i 类里的第 q 个样本，M 表示训练样本的维数，$x_i^{\text{SGMA1}}, x_i^{\text{SGMA2}} \in \mathbf{R}^{2M\times 2n^2}$ 分别代表 SGMA1 和 SGMA2 字典中第 i 类所有原子。通过对可调参数 p 和 q 的约束排列组合取值，可以得到 SGMA1 和 SGMA2 字典，样本组排列顺序和相应的约束取值条件如下：

$$x_i^{\text{SGMA1}} = \begin{bmatrix} x_{i,p}^{\text{ORI}} & x_{i,p}^{\text{AFT}} \\ x_{i,q}^{\text{AFTM}} & x_{i,q}^{\text{ORIM}} \end{bmatrix} \qquad (1 \leqslant p,q \leqslant n) \tag{4-2}$$

$$x_i^{\text{SGMA2}} = \begin{bmatrix} x_{i,p}^{\text{ORI}} & x_{i,p}^{\text{AFTM}} \\ x_{i,q}^{\text{AFT}} & x_{i,q}^{\text{ORIM}} \end{bmatrix} \qquad (1 \leqslant p,q \leqslant n) \tag{4-3}$$

相应的，为了后续的计算，测试集也需要进行规则相同的重组来适应训练集的变化，但应尽量维持测试图像的真实性原则，只需要用 ORI 和 AFT 两种图像集组合来构造测试样本组，适应重组字典，且无须排列组合。

4.2.3 联合核协同表示模型

核协同算法是将线性协同算法扩展到高维的核空间，充分挖掘样本的更多非线性结构信息，不但可以提高识别性能，和其他ℓ_1 范数约束算法(例如核稀疏表示)相比也节约了大量的时间，由于前面章节已经分析了核结构、核协同和核稀疏算法的概念，所以此处不再赘述。本小节主要介绍样本组错位原子字典联合核协同表示分类模型的分类方法：联合核协同表示算法，它属于核协同表示算法的范畴，但对核结构进行了重组和优化，利用复合的核结构弥补单一核函数的不足和局限性，进一步优化分类结果。经过对多种核函数模型分类性能的分析，本小节所介绍的联合核协同表示算法选用高斯核函数和汉明核函数组成联合核函数映射。

高斯核函数是一种经典且常用的径向基函数，可以把有限维样本点映射为无穷维的特征空间元素，定义为其空间任意一点到另一个中心点的欧式距离(ℓ_2 范数)的单调函数，是典型的可实现尺度变换线性核，对数据中的噪声有很好的抗干扰性，且计算简单，时间消耗小，其核函数形式如下：

$$\kappa_G(x,y)=\exp(-\|x-y\|^2/\mathrm{t}) \tag{4-4}$$

其中，x 和 y 是两个样本的序列；t 是可变参数，控制高斯核函数的作用范围，取值越大则局部影响范围越大(高斯分布钟形曲线越宽，峰值越小)，取值过小易出现过拟合现象。高斯核函数由于可调参数少且有较宽的收敛域，所以在很多核算法里经常被采用。但随着参数的增大，核函数的学习能力和泛化能力也会减弱。

汉明核来源于汉明距离，计算也比较简单、直观，即比较两个比特串有多少位不一样，计算时将两个比特串进行异或运算之后统计出结果中 1 的个数，在图像处理中也广泛应用，是比较二进制化(黑白)图像非常有效的手段。其核函数形式如下：

$$\kappa_H(x,y)=1-\frac{1}{mN}\sum_{i=1}^{m}D(x_i,y_i) \tag{4-5}$$

其中，m 是图像的维数，N 是序列的长度，x_i 和 y_i 是两个样本的第 i 个像素，$D(\cdot,\cdot)$ 代表两个序列的海明距离(两个比特串对应位置的不同字符的个数)。

由于过于复杂的复合核方式会增加算法复杂度，所以此处尝试用一种既简单又有效的加权方式来组合不同的核结构。联合核函数框架如下：

$$\kappa=w\times\kappa_G+(1-w)\times\kappa_H \tag{4-6}$$

其中，w 是权重参数，在实际应用中可以自动调节。这样两种不同的核结构可以相互约束和修正，使得联合核函数在一定程度上提高分类性能。将联合核函数形式与协同表示算法配合，得到联合核协同表示模型，这种算法的复杂度低，节约了时间成本，满足精度和速度的平衡，配合 SGMA 字典得到了很好的分类效果，也可以与第 3 章介绍的遮挡探测与擦除算法相配合，能较好地解决遮挡和光照问题。

4.3 实验结果及分析

本节根据在几种通用数据库上的实验结果评估样本组错位原子字典联合核协同表示分类模式的性能，进一步验证该模型解决小样本人脸识别问题的有效性。公平起见，所有实验在同一配置计算机的平台上完成。4.3.1～4.3.3 节，比较了经典

CRC_RLS、RRC_L$_2$、KCR (Gaussian)、 KCR(Harmming)、KCR-ℓ_2(LBP + Harmming，LH)算法和样本组错位原子字典联合核协同表示分类算法的实验结果，来评估样本组错位原子字典联合核协同表示分类算法在不同数据库上的识别能力。4.3.4 节主要通过分析一个相似的实例来阐述样本组错位原子字典联合核协同表示分类算法的优势。4.3.5 节对比了未错位和错位原子方法的结果，阐明了错位原子方案的可行性。需要说明的是，由于随机选择训练样本，所有的实验都是独立的，相关的实验结果没有关联性。

为了提高算法的效率，应仔细调整各对比算法中取值较小的正则化参数。在所有对比算法中，惩罚参数 λ 都被设定为 0.005，而 RRC_L$_2$ 算法的各参数设定较复杂，仍然采用所在文献中能取得最好性能的取值。

4.3.1 Georgia Tech 人脸数据库

Georgia Tech(GT)人脸数据库包含 15 个人共 750 幅正面人脸图片，每幅图片上的表情和动作都是无规律变化的，且面部变化幅度比较大，图片的尺寸被统一裁剪为 20×20。分别随机挑选每人的 3、4 或 5 幅携带标签的图片作为原始的训练图像集，剩余的样本分别作为相应的原始训练图像集。通过仿射变形模型，分别生成其余 3 种虚拟图像集，利用前述子字典的排列组合规则，建立两种优化的 SGMA 字典和相应的测试图像集进行图片分类，验证本章所提出的字典扩展策略的有效性。

表 4-1 列出了应用原始字典和组字典(SGMA1 和 SGMA2)编码分类得到的识别错误率结果，简称 RERs(Recognition Error Rates)。可以看出，样本组错位原子字典联合核协同表示分类算法比其他对比算法识别性能更好。例如当训练样本数(Training Sample Number，TRN)比较少，为 3 时(小样本情况)，一方面，在同类算法比较中，通过 SGMA 字典得到的 RERs 均比原始字典(ORI)低，CRC_RLS 算法错误率降低了最多 13%，样本组错位原子字典联合核协同表示分类算法错误率降低了约 20%，其他在列算法错误率也降低了约 20%；另一方面，通过与同一字典但不同类算法比较，样本组错位原子字典联合核协同表示分类算法在原始字典上比其他算法降低 5%～8%。在 SGMA1(简写为 S1)字典上的结果甚至比 CRC_RLS 低 14%，

比 RRC_L_2 算法低约 10%，比 KCR(Gaussian)、KCR(Harming)和 KCR-ℓ_2(LH)算法分别低约 7%、1%和 2%。在 SGMA2(简写为 S2)字典上的分类情况也是类似。可以证明，样本组错位原子字典联合核协同表示分类算法无论在字典配置上还是在算法分类上都非常有效。同时，通过实验结果还可以看出，SGMA1 和 SGMA2 字典的编码能力类似，取得的识别效果都要比原始字典好，可见错位原子扩展字典组的策略有效地增强了字典的鲁棒性，提升了编码的稀疏程度，可以较好地解决小样本情况分类问题。

表 4-1　GT 人脸数据库上不同算法在不同字典下编码分类的错误率比较　　%

对比算法	TRN=3			TRN=4			TRN=5		
	ORI	S1	S2	ORI	S1	S2	ORI	S1	S2
CRC_RLS	46.83	35.83	33.67	41.64	30.73	27.27	38.80	27.40	23.60
RRC_L_2	49.17	31.33	29.50	43.27	27.45	24.36	38.60	21.00	22.00
KCR(Gaussian)	44.67	28.33	28.50	40.00	23.45	22.18	37.20	20.60	21.40
KCR(Harming)	43.17	22.67	23.50	39.82	18.18	18.36	35.60	17.00	16.40
KCR-ℓ_2(LH)	44.26	23.37	24.67	41.25	18.92	18.36	36.20	18.30	17.60
本章提出的算法*	**41.50**	**21.83**	**23.17**	**37.82**	**17.82**	**16.73**	**33.00**	**16.20**	**14.40**

*样本组错位原子字典联合核协同表示分类算法。

另外，随着每类训练样本数目的增加，字典携带的有效识别特征也增加了，算法的 RERs 随之减小，例如在 TRN=5 和 TRN=3 时，应用原字典进行稀疏分类时，CRC_RLS 算法的错误率降低了约 8%，KCR-ℓ_2(LH)算法的错误率降低了约 8%，而样本组错位原子字典联合核协同表示分类算法错误率也降低了 8.5%。应用 SGMA2 稀疏分类时，CRC_RLS 算法的错误率降低了 10%，RRC_L_2 算法、KCR(Gaussian)、KCR(Harming)和 KCR-ℓ_2(LH)分别降低了 7.5%、6.9%、7.1%和 7%，而样本组错位原子字典联合核协同表示分类算法的错误率也降低了 8.8%。各算法在 SGMA1 字典上分类的情况也是类似。因此，可以得到结论，变化特征丰富的组字典表达信号的能力更强，对于小样本人脸分类问题可以达到令人满意的结果。

4.3.2 Labeled Faces in the Wild 人脸数据库

Labeled Faces in the Wild(LFW)数据库包含 13 000 幅图片，这些图片有不规则的动作、表情、光照和背景等，都是从互联网上收集的，而不是来自实验室环境。随机选取 100 人每人 10 幅图片的子集进行测试，公平起见，每幅图片的尺寸也裁剪为 20×20。从 1000 幅图片中，随机选取每人 3、4 或 5 幅携带标签的图片作为原始训练样本，其余样本作为相应的原测试集。经过虚拟图像预处理程序，得到 3 种放射变形图集，根据错位原子规则建立两种 SGMA 字典和相应的测试组字典。

表 4-2 所示为 LFW 人脸数据库上不同算法在不同字典下编码分类的错误率比较，可以看出样本组错位原子字典联合核协同表示分类算法仍然取得较好的实验结果。不同的算法均在 SGMA1 和 SGMA2 上取得相似且不错的结果，例如在 TRN=5 时，在 SGMA2 字典上编码分类时，CRC_RLS 算法比原始字典错误率下降约 5.6%，KCR(Gaussian)、 KCR-ℓ_2(LH)、 KCR(Harming)算法分别下降约 10%、8.2%和 6.2%，样本组错位原子字典联合核协同表示分类算法也下降了 6.2%，可见重组扩展字典的编码能力比原始字典更具鲁棒性。另外，可以看出 RERs 随着训练样本的增加而减小，例如在 TRN=5 时，样本组错位原子字典联合核协同表示分类算法比 TRN=3 在 SGMA2 上的错误率降低了约 10%，在原始字典情况下低 17%，比 CRC_RLS 算法同样情况下低约 20.6%。各算法在 SGMA1 字典上的表现也是类似。上述分析证明扩展字典可以弥补原始字典损失的部分变化信息，随着训练样本的增加，可以挖掘更多可识别特征，提高编码效率。同时，也需要选择合适的分类器，样本组错位原子字典联合核协同表示分类算法采用的是联合核函数分类器，联合核方法改善了单一核的不足，在联合空间内提升了分类模型对小样本问题分类的性能，取得了满意的实验结果。

表 4-2 LFW 人脸数据库上不同算法在不同字典下编码分类的错误率比较 %

对比算法	TRN=3			TRN=4			TRN=5		
	ORI	S1	S2	ORI	S1	S2	ORI	S1	S2
CRC_RLS	65.57	63.14	63.29	63.33	58.67	57.33	59.40	55.80	53.80
RRC_L_2	64.57	64.57	63.29	62.83	58.83	58.83	60.20	55.40	56.20

(续表)

对比算法	TRN=3			TRN=4			TRN=5		
	ORI	S1	S2	ORI	S1	S2	ORI	S1	S2
KCR(Gaussian)	66.43	58.14	58.29	62.33	53.33	53.67	59.00	50.60	49.60
KCR(Harming)	66.71	60.00	60.00	62.33	55.17	55.00	58.40	52.20	52.20
KCR-ℓ_2(LH)	64.57	57.99	58.22	59.72	53.00	53.00	57.60	49.50	49.40
本章提出的算法*	**62.86**	**55.43**	**55.14**	**58.33**	**48.83**	**49.17**	**51.20**	**45.60**	**45.00**

*样本组错位原子字典联合核协同表示分类算法。

4.3.3　Caltech 人脸数据库

Caltech 人脸数据库采集了 27 个人的 450 幅图片，这些图片都包含丰富的动作和表情，实验所需图片的尺寸被裁剪为 20×20。随机选取每人 1、2 或 3 幅携带标签的图片作为原始训练样本，其余样本作为相应的原测试集。随后根据提出的算法进行图像集的处理和组合，建立完备的 SGMA 字典和相应的测试项。由于此数据库样本少，当选取 TRN=1 时，分类问题转化为单样本识别问题，错位原子方法的分类性能有所降低，不过样本组的策略仍然可以起到一定的作用。

表 4-3 所示为 Caltech 人脸数据库上不同算法在不同字典下编码分类的错误率比较，可以看出样本组错位原子字典联合核协同表示分类算法很好地解决了小样本问题，并在两个 SGMA 字典上取得了相似的且比较好的实验结果。例如在此数据库中，当 TRN=3 且应用 SGMA2 字典编码时，样本组错位原子字典联合核协同表示分类算法达到最低识别错误率，小于 2%，比其在原始字典上错误率低 2.27%，而 CRC_RLS 和 RRC_L_2 算法比在原始字典上的编码分类错误率降低约 2%和 5%，KCR(Gaussian)、KCR(Harming)和 KCR-ℓ_2(LH)算法也比在原始字典上编码分类错误率降低约 3%、3%和 4%。各算法在 TRN=2 且应用 SGMA1 字典编码时的分类情况类似。

表 4-3　Caltech 人脸数据库上不同算法在不同字典下编码分类的错误率比较　　%

对比算法	TRN=1			TRN=2			TRN=3		
	ORI	S1	S2	ORI	S1	S2	ORI	S1	S2
CRC_RLS	14.85	8.66	9.9	7.14	3.44	3.97	4.55	2.27	2.56
RRC_L_2	16.09	9.16	8.91	9.26	6.35	5.56	7.39	3.12	2.84
KCR(Gaussian)	14.36	7.92	8.66	7.41	3.7	3.97	4.83	2.27	2.27
KCR(Harming)	16.83	11.88	11.39	13.49	6.88	7.41	9.37	5.68	5.4
KCR-ℓ_2(LH)	15.52	10.38	9.16	11.54	5.22	5.56	8.03	4.17	4.36
本章提出的算法*	**13.61**	**6.93**	**7.43**	**7.67**	**3.7**	**3.97**	**4.26**	**2.27**	**1.99**

*样本组错位原子字典联合核协同表示分类算法。

再观察单样本(Single Sample Size，SSS)TRN=1 训练集的情况，样本组错位原子字典联合核协同表示分类算法在 SGMA1 字典上的错误率为 6.93%，要比 CRC_RLS 和 RRC_L_2 算法在原始字典情况下的错误率分别下降约 8%和 9%，比它们同在 SGMA1 字典上的错误率也下降约 2%，比其他三种核方法 KCR(Gaussian)、KCR(Harming)和 KCR-ℓ_2(LH)算法在原字典情况下的错误率下降 7.4%～10.6%，比它们同在 SGMA1 字典上也下降 1%～4%。在 SGMA2 字典上识别的情况也是类似，样本组错位原子字典联合核协同表示分类算法达到最低错误率，比 KCR(Harming)算法低约 4%，比数据结构类似的 KCR-ℓ_2(LH)算法低约 1.7%。可见，样本组错位原子字典联合核协同表示分类算法可以通过有效的重组字典来增加字典中样本的变化和有效特征，在小样本情况下非常实用。在单样本情况下，即使错位原子方法失效，但样本组重组的方法仍然可以增强扩展字典的鲁棒性，获到较好的实验结果。

从表 4-3 中还可以观察到，随着训练样本的增多，各算法错误率都有所降低，例如训练样本个数从 TRN=1 增加到 TRN=3 时，CRC_RLS 算法在原始字典上的错误率下降了约 10%，在 SGMA1 字典上下降了约 6.4%，在 SGMA2 字典上下降了 7.4%；RRC_L_2 算法在原始字典、SGMA1 字典 和 SGMA2 字典上的错误率分别下降约 8.7%、6%和 6%；3 种核方法 KCR(Gaussian)、KCR(Harming)和 KCR-ℓ_2(LH)算法在原始字典、SGMA1 字典 和 SGMA2 字典上的错误率也下降 4.8%～9.5%不等；

样本组错位原子字典联合核协同表示分类算法在原字典、SGMA1 字典 和 SGMA2 字典上的错误率下降约 9%、5%和 5%。上述分析证明，扩展字典规模的增加可以使模型学习更多可识别知识，提高模型分类性能和编码能力。

4.3.4 相似方法的比较

前面提到，Xu Yong 等认为由于人脸通用的对称结构，可以生成人脸图像的镜像图数据填充扩展原字典，增加字典携带样本变化的信息量，在一定程度上减小了人脸不对称、遮挡、光照、姿态等干扰因素的影响，提高了小样本情况下人脸识别率。受到这种扩展字典想法的启发，样本组错位原子字典联合核协同表示分类算法改进了 Xu Yong 等的算法(以下简称 Xu’s)，在扩展训练集中加入了原始人脸图像的镜像图，还增加了仿射变形图及其相应的镜像图，并创新地提出了错位原子字典组的概念，通过样本组错位原子方法来进一步重构扩展字典，使其能表示更广泛的可区分性特征，并增加字典的鲁棒性。

表 4-4 所示为不同人脸数据库上应用不同字典编码分类的错误率比较。例如，在 GT 人脸数据库上 TRN = 3 时((a)情况)，如果应用 Xu’s 字典(Xu’s D)和联合核协同的方法(Our)，得到的结果为 34.17%，比 Xu’s 算法的结果(47.67%)错误率低约 13%；或者，应用 SGMA1 字典和联合核稀疏表示分类器结果为 21.83%，错误率比 Xu’s 算法低约 26%。在 LFW 人脸数据库上 TRN = 5 时((b)情况)，样本组错位原子字典联合核协同表示分类算法比 Xu’s 算法约低 18%，而如果 Xu’s 算法采用 SGMA1 字典或联合核协同的分类器，错误率可以下降 6%或 16%。

表 4-4 不同人脸数据库上应用不同字典编码分类的错误率比较

对比场景	字典		分类方法		RERs/%		
	Xu’s D	SGMA1	Xu’s	Our	(a)	(b)	(c)
1	✓	×	✓	×	47.67	64.40	22.28
2	×	✓	✓	×	41.83	58.30	18.07
3	✓	×	×	✓	34.17	48.60	8.17
4	×	✓	×	✓	**21.83**	**46.60**	**6.93**

注：(a) GT(TRN = 3)人脸数据库；(b)LFW(TRN = 5)人脸数据库；(c) Caltech(TRN = 1)人脸数据库。

在 Caltech 人脸数据库上 TRN = 1 时((c)情况，此时为单样本识别问题)，样本组错位原子字典联合核协同表示分类算法比 Xu's 算法约低 15%，而如果 Xu's 算法采用 SGMA1 字典或联合核协同的分类器，错误率也可以下降 4%或 14%。通过上述分析可以看出，本章提出的错位原子扩展字典的方案和联合核协同分类器方案，比同类型扩展字典和常规分类器识别性能更好，特别是处理小样本/欠完备样本的人脸识别问题时能取得更好的识别精度。

4.3.5 样本组错位原子方案的评估

为了处理不同样本的可区分性，在重组 SGMA 字典时应用样本组错位原子组合方法。原始图集和 3 种通过放射变形模型计算出的虚拟图集，按优化参数的排列组合方式组成扩展的 SGMA 字典，这种新的扩展字典不但扩大了小样本字典的规模，而且引入了更多样本变化的特征，减少由于样本特征少而产生的类间干扰和重叠，理论上可以修正分类器分类结果，有效解决小样本/欠完备数据集问题。下面利用在不同数据库上实测的实验数据来评估本章提出的样本组错位原子方案的有效性。

考虑到实验结果的观测可区分性，这里的训练集没有设置为单样本训练集，只采用了普通的小规模样本训练集(TRN=5)。图 4-3 所示为当 TRN=5 时，在 GT 和 LFW 数据库上，样本在不同维度(16×16、20×20、32×32、64×64)时未应用错位方法和应用错位方法的组字典两种情况下识别错误率的对比曲线。人脸图像均采用主成分分析方法进行维度传递，未应用错位原子方法为四种图像集简单堆叠，没有进行可调参数 p 和 q 的约束排列组合重构字典原子顺序。从图 4-3 中可以看出，在未应用错位原子方法(简称 No-misplace)的样本组字典和应用错位原子方法(简称 Misplace)的组字典两种情况下，错误率对维数变化均不敏感，但本章提出的样本组错位原子字典联合核协同表示分类算法具有更好的识别性能，错误率在各维度、各数据库上均低于未应用错位原子方法的字典。因此，本章提出的样本组错位原子方案有效提升了扩展字典的鲁棒性和编码能力。

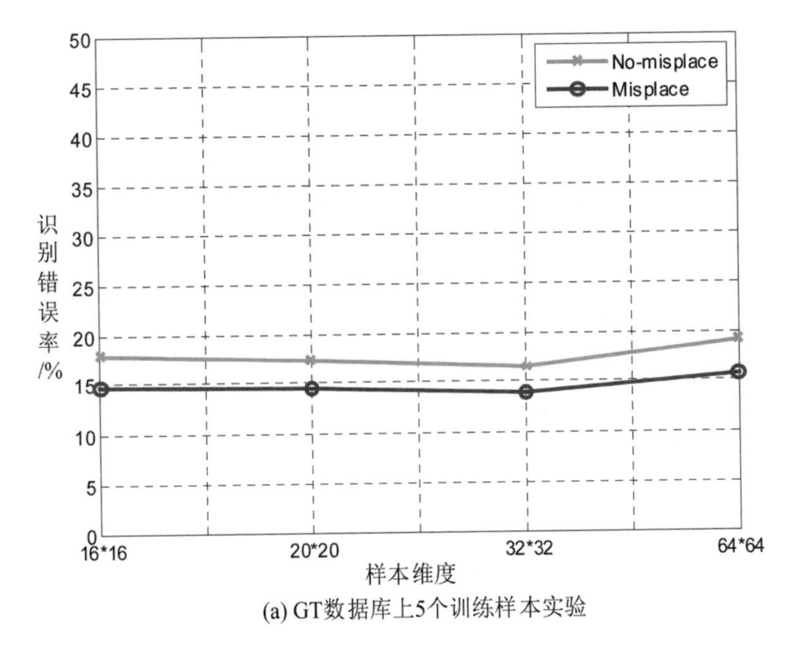

(a) GT数据库上5个训练样本实验

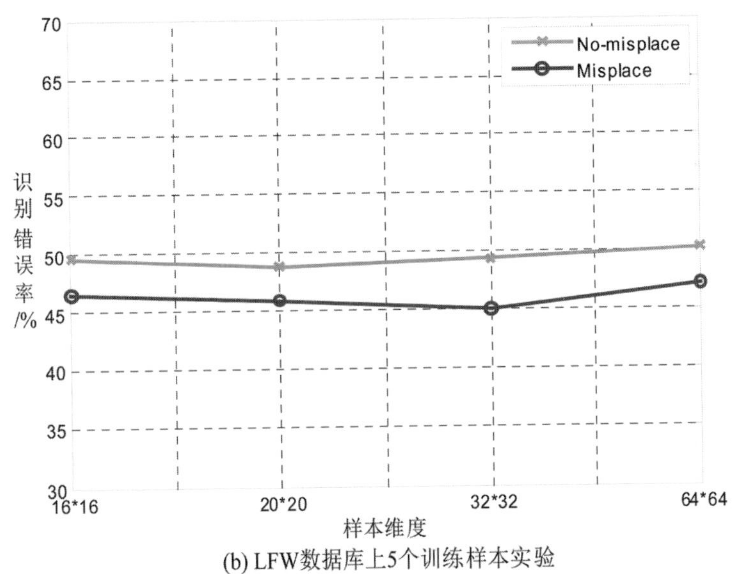

(b) LFW数据库上5个训练样本实验

图 4-3　未应用错位方法和应用错位方法的组字典在不同维度下的识别错误率对比

4.4 本章小结

本章创新地提出了一种样本组错位原子字典联合核协同表示的人脸分类算法，一方面，建立了重组的扩展字典——样本组错位字典，丰富了字典携带的信息量，增强了字典的鲁棒性；另一方面，采用联合核协同分类算法，不但能捕捉更多样本的非线性特征，还利用简单、有效的联合核结构弥补单一核的不足。上述两者联合起来，较好地解决了小样本/欠完备样本识别问题。

样本组错位原子字典由原样本和 3 种虚拟样本特征构成，虚拟样本是原样本仿射变形计算生成的，可以反映原样本部分缺失的信息，补充更多样本的变化特征，而错位原子方法也可以传递更多样本的综合信息、显式信息和隐式信息，提高字典的稀疏编码能力，这种生成相关数据填充原字典的方法也是数据增强的一种思路。另外，联合核函数优化单一的核结构，不同的核函数通过变化的权值能相互约束和修正，计算简单且直观，同时增强了核协同模型的鲁棒性，不但提高了识别精度，也使识别速度远高于其他ℓ_1范数约束的分类方法。最后，通过与一个相似的基于扩展字典的人脸识别算法实例比较，验证本章提出的错位原子策略和联合核协同分类器对于分类性能提升的贡献程度。

总体来说，本章提出的样本组错位原子字典联合核协同表示的人脸分类算法在小样本或欠完备特征的情况下非常实用。基于不同数据库、不同字典策略、不同训练样本数目、不同分类模式组合、不同样本维度的实验结果也表明本章提出的算法优于相似的同类型算法，这归功于合理的数据增强方式和算法结构的整合与优化。

第5章 代价敏感人脸认证安全体系

本章主要内容

- 代价敏感人脸识别问题
- 二重加权字典的原理
- 基于限定的表情、动作模式的代价敏感人脸认证方法
- 相关的实验结果及分析

5.1 代价敏感人脸识别问题

随着人工智能技术的发展，人脸识别技术的利用率也越来越高。考虑到日益增长的安全需求，人脸安全验证(Face Security Verification，FSV)已经受到越来越多研究人员的重视，广泛应用于金融支付、电子设备、安全门禁、嫌疑人匹配等场景。人脸识别这种身份信息认证技术应用越来越广泛，它无须烦琐的步骤，可以与其他多模态识别技术融合使用，并得到了越来越多人的认可。FSV 的核心技术就是人脸识别，通过与人脸图像库中已存的人脸图像匹配来确认使用者是否合法，但在规则和策略上比普通的人脸识别更为严格和安全。同时，FSV 也常被看作一类代价敏感学习问题，例如，在人脸识别门禁系统中，一个家庭内部成员如果被误认为是一个陌生人并拒绝其回家，这种糟糕的体验可能会使人恼怒和烦躁；反之，如果一个入侵者由于错误的认证被允许进入房间则有可能导致严重的损失和危害。所以人脸安

全认证从本质上看应该属于代价敏感问题范畴，且不同场景的人脸识别或不同的识别结果的代价应该加以区分，并得到安全平台的足够重视。

近年来，旨在减小误分类代价的人脸识别问题中，许多代价敏感分类器涌现出来，比较典型的包括代价敏感拉普拉斯支持向量机[59]、代价敏感主成分分析[60]，代价敏感线性判别分析[61-62]等方法，通过在不同的低维子空间中学习来实现最小的总体识别损失，并对不同类型的分类错误分析不同的损失值，优化了传统未考虑代价敏感问题的分类算法，这些都能在一定程度上降低错误认证的风险。万建武等[63]认为人脸识别问题是一个多类别代价敏感且分布不平衡问题，设计出加权代价敏感局部保持投影的方法，利用加权方法均衡多类别对投影方向的贡献值，提高了传统的局部保持投影的分类性能，降低了错误分类代价风险。考虑到代价信息在稀疏编码过程中的作用，Zhang Guoqing 等[64] 提出了一种基于稀疏表示的代价敏感字典学习方法，经学习后的字典可以协助计算得到代价敏感稀疏编码，有助于提升代价敏感问题的分类性能。并且，他们还设计了一种新的代价惩罚矩阵，在整个学习过程中实施代价敏感需求，根据自适应方法优化求解。Wan Jianwu 等[65]认为应该重视代价敏感高维人脸特征选择，提出辨别性代价敏感拉普拉斯评分人脸识别算法，把局部判别分析和误分类代价加入拉普拉斯评分算法中，缩小类内局部近邻距离，增大类间局部近邻关系，使结果符合代价敏感最小损失标准。Li Huaxiong 等[66] 认为不同情况下误分类的代价是不同的，所以他们提出了一个基于代价敏感人脸识别的连续三段式决策方法，在每一个决策过程中，算法都寻找一个能减小误分类代价的决策，如果由于人脸图像信息不足而难以做出精确决策时，它会将边界决策整合到决策集合中得到延迟决策。这个算法利用三段式决策和粒计算方法模拟了实际人脸识别中人类决策的方式，对解决代价敏感人脸识别问题有较大的指导意义。由于人脸特征的高维性，代价敏感人脸识别通常先进行特征提取，然后在缩减的子空间中学习分类器，在成本不敏感的步骤中会丢失一些成本敏感的信息，而预提取的人脸特征的固定性导致分类器学习达不到最好的效能。文献[67]中提出了将特征提取和分类结合在一个统一的代价敏感的人脸识别框架中的方法，以迭代的方式联合更新特征表示和分类器信息，特征提取时采用代价敏感正则化方法，最小化所有训练图像的整体误分类损失，显著降低算法整体误分类损失及高代价情况下的误分类概率。

本章提出了一种由粗到细的人脸安全认证方法，称为基于限定的表情动作模式的代价敏感人脸认证模式(Cost Sensitive Face Verification based on Limited Expression-pose Pattern，CSFV_LEP)算法。算法第一步建立一个辨识字典(Discrimination Dictionary，DD)来判断访问者是否为内部会员，如果结果为肯定的，则进行第二步的精细认证过程；反之，直接拒绝。第二步取辨识字典的子字典作为确认字典(Confirmation Dictionary，CD)，它只包含内部会员样本的限定表情动作模块细节，用来再次精细确认访问者是否合法，在这两步人脸认证过程中，DD 和 CD 都被分别通过计算相似性关系矩阵进行自适应加权。这种建立浅层加权二重字典的方法可以有效提高字典的鲁棒性和识别性能。另外，由于每步的误分类代价值不同，所以在人脸分类过程中，可以根据代价值关系调整各参数。根据实验结果可以看出，CSFV_LEP 算法对完成限定动作表情认证的内部会员很友好，但是十分拒绝非会员或者非限定表情人员，所以本章提出的基于限定的表情动作模式的代价敏感人脸认证模式算法比其他同类算法具有更安全和可靠的认证性能。在实际应用中，该算法可以更好地处理代价敏感 FSV 问题，为人们的生活提供更方便、安全和有效的服务。

5.2 节详细介绍浅层二重加权字典的建立；5.3 节介绍本章提出的 CSFV_LEP 模型及其算法；5.4 节描述和分析本章实验结果；5.5 节总结本章内容。

5.2　基于高斯相似性关系的加权二重字典

5.2.1　高斯加权稀疏表示算法

为了提高字典的鲁棒性和编码能力，本章采用加权稀疏表示(Weighted SRC，WSRC)算法[68]对原字典进行加权。WSRC 本质上属于稀疏表示，但是由于 SRC 忽略样本间的流形子空间的相似度信息，所以利用高斯函数加权方式对经典 SRC 进行改进。具体做法如下：抽取训练样本和测试样本的高斯距离信息作为权值矩阵，对训练样本特征进行加权，再利用经典的 SRC 算法进行分类，这样引入流形结构信息而获得的稀疏系数通常比直接采用 SRC 算法的结果更加稀疏，有利于正确分类。

假设有 L 个类别，$\boldsymbol{A}=[\boldsymbol{A}_1,\boldsymbol{A}_2,\cdots,\boldsymbol{A}_L]\in\mathbf{R}^{M\times N}$ 是训练字典，其中 $\boldsymbol{A}_i=[x_{i,1},x_{i,2},\cdots,x_{i,N_i}]$，$x_{i,n}$ 代表第 i 类中的第 n 个样本，M 和 N 分别代表训练样本的维数和个数。对于一个给定测试样本 y，计算高斯相似性关系作为加权矩阵：

$$d_i\left(x_{i,n},\boldsymbol{y}\right)=\exp(-\left\|x_{i,n}-\boldsymbol{y}\right\|^2/2(\beta\sigma)^2) \tag{5-1}$$

其中，$\beta\sigma$ 是高斯核宽度，σ 是训练样本间的平均欧式距离，β 是可变贡献参数。计算的高斯距离 d_i 的取值在 0 和 1 之间，无须处理可直接作为权值矩阵原子。通过对原训练样本特征字典进行加权，得到加权字典 $\boldsymbol{A}_w=[\boldsymbol{A}_{1w},\boldsymbol{A}_{2w},\cdots,\boldsymbol{A}_{Lw}]\in\mathbf{R}^{M\times N}$。因此，测试样本 y 可以进行稀疏编码：

$$\hat{\boldsymbol{\alpha}}=\arg\min_{\boldsymbol{\alpha}}\{\left\|\boldsymbol{y}-\boldsymbol{A}_w\boldsymbol{\alpha}\right\|_2+\lambda\left\|\boldsymbol{\alpha}\right\|_p\} \tag{5-2}$$

其中，$\hat{\boldsymbol{\alpha}}=[\hat{\boldsymbol{\alpha}}_1;\hat{\boldsymbol{\alpha}}_2;\cdots;\hat{\boldsymbol{\alpha}}_L]$ 是稀疏编码系数，λ 是平衡稀疏度和保真度的权衡参数，$p=1$ 或 2 分别代表 ℓ_1 或 ℓ_2 最小化分类器。通过求解稀疏编码，$\boldsymbol{y}$ 被表示为 $\boldsymbol{A}_w$ 的一个线性组合 $\boldsymbol{y}\approx\boldsymbol{A}_w\boldsymbol{\alpha}$。如果 $\boldsymbol{y}$ 属于第 i 类，则一般情况下 $\boldsymbol{y}\approx\boldsymbol{A}_{iw}\boldsymbol{\alpha}_i$，此时大部分 $\hat{\boldsymbol{\alpha}}_k\left(k\neq i\right)$ 值接近 0，只有 $\hat{\boldsymbol{\alpha}}_i$ 取值较大。

5.2.2 浅层全局加权二重字典的建立

CSFV_LEP 算法是一个由粗到细两步认证的算法，算法的关键问题是两个步骤中字典的变化。这里应用的是全局特征字典，属于浅层字典范畴。第一重字典为通用字典，即按传统方法抽取且包含整幅图像特征，称之为全局辨识字典 DD：

$$\mathrm{DD}=[\boldsymbol{A}_1,\boldsymbol{A}_2,\cdots,\boldsymbol{A}_L]\in\mathbf{R}^{M\times N} \tag{5-3}$$

加权辨识字典 WDD(Weighted DD)表示如下：

$$\mathrm{WDD}=[\boldsymbol{A}_{1w},\boldsymbol{A}_{2w},\cdots,\boldsymbol{A}_{Lw}]\in\mathbf{R}^{M\times N} \tag{5-4}$$

其中，$\boldsymbol{A}_{iw}=d_i\odot\boldsymbol{A}_i$，即 Hadamard 乘积。

第二重字典为全局辨识字典的子集，从代价敏感、安全性和可控性上考虑只包含最小范围限定表情动作(LEP)模块，用于精细确认上一步初次通过认证的人员，称为全局确认字典 CD：

$$\text{CD} = [\boldsymbol{A}_1', \boldsymbol{A}_2', \cdots, \boldsymbol{A}_L'] \in \mathbf{R}^{M \times N'} \tag{5-5}$$

其中，$\boldsymbol{A}_i' \subset \boldsymbol{A}_i$，$N' \subset N$。此时，$\boldsymbol{A}_i'$特征的抽取和对齐方式应用文献[69]提出的经典 RASL 方法，这种方法利用图像域变换，使变换后的图像矩阵可以分解为误差的稀疏矩阵和重建后的对齐图像的低秩矩阵之和，这样可以减少不必要的干扰和冗余信息，提高算法对人脸细节的控制力。

加权确认字典 WCD(Weighted CD)表示如下：

$$\text{WCD} = [\boldsymbol{A}_{1w}', \boldsymbol{A}_{2w}', \cdots, \boldsymbol{A}_{Lw}'] \in \mathbf{R}^{M \times N'} \tag{3-6}$$

其中，$\boldsymbol{A}_{iw}' = d_i' \odot \boldsymbol{A}_i'$，且$d_i'$为重新计算的相似性关系矩阵。

第一步粗略人脸识别为通用字典的稀疏表示过程，但第二步细致的人脸识别又能转变为小样本问题或单一样本问题($N' = L$)，且包含的特征范围也缩减到可辨别的人脸最小表情动作模块，使细致认证限定表情动作模式的过程更为严苛和安全。具体认证过程会在下一节详细介绍。

5.3 基于限定的表情动作模式的代价敏感人脸认证模型

5.3.1 CSFV_LEP 模型的原理

本节将详细解释基于限定的表情动作模式的代价敏感人脸认证算法的原理和工作过程，如图 5-1 所示。二重训练字典 DD 和 CD 分别包含原始训练样本图像特征和限定的表情动作模式块特征。为了进一步增强字典的编码能力，计算字典的空间相似性加权矩阵($\boldsymbol{W}_{\text{ORI}}$和$\boldsymbol{W}_{\text{LEP}}$)，得到新的训练字典——加权辨识字典和加权确认字典，分别用于由粗到细的两步人脸认证：粗略地辨识和细致地确认内部会员的身份，并拒绝非会员或非 LEP 的内部会员。从理论分析和常规认知角度考虑，这样可以增强算法的鲁棒性和安全性，更好地处理代价敏感人脸安全认证问题。由于不同情况下的分类代价值不同，可以列出 4 种代价敏感的情况：

(1) 正确认证内部会员，代价表示为c_{CI}；

(2) 正确拒绝非会员，代价表示为c_{CN}；

(3) 错误分类非会员为内部会员，代价表示为c_{MN}；

(4) 错误分类内部会员为非会员，代价表示为c_{MI}。

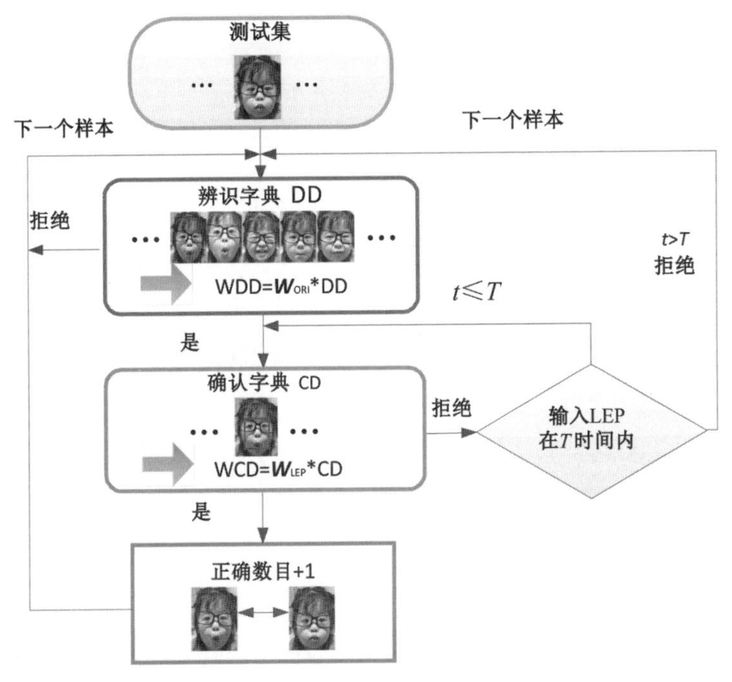

图 5-1　基于代价敏感 FSV 问题提出的 CSFV_LEP 算法的流程图

第一步：通过 WDD 辨别来访者身份信息，即粗略地判断其是否为内部会员，如果初步鉴定为内部人员的身份，则系统开始进行下一步认证，否则会完全拒绝他进入。考虑到不同的决策会导致不同的认证结果，代价值在不同情况下(误分类情况)是不一样的，反过来可以根据代价来调整决策过程。所以，可以总结这个步骤中各代价值的关系为$c_{CI} \leqslant c_{MI}$、$c_{CN} \leqslant c_{MN}$和$c_{MI} \leqslant c_{MN}$。

第二步：利用 WCD 确认第一步中初步肯定人员的身份类别，也就是通过特定的表情动作细节设定，细致地确认来访者是否为内部会员。如果 LEP 也被成功确认，那么系统允许他进入，然后等候下一个样本。否则，除非他在规定的时间 T 内能输入正确的 LEP 再次重复确认，若比对结果仍然为否定的，系统将完全拒绝他。这里

的 T 是一个时间阈值，可以在实际应用环境下进行调节。而在这一步骤中，敏感代价服从于 $c_{CI} \leqslant c_{MI}$。

图 5-2 为 AR 人脸数据库上二重字典的构造方式和 CSFV_LEP 算法框架，可以看出通用字典 DD 和特殊字典 CD 相互配合，由粗到细、由宽松到严格地完成二重人脸认证过程。CD 为 DD 的子集，只包含最小范围的 LEP 模块特征，所以细致确认过程会更严格，并且受限于第一步的判别结果和第二步 LEP 特征的抽取。在测试集中，可以观察到只有第一行第 7 个样本(红色虚线框)的动作表情模块(Expression-pose Pattern，EP)与 CD 中的 LEP 模块特征相似，而其余样本的 EP(绿色实线框)相似度比较低，所以经过第二步细致地确认，理论上只有一个样本会通过本章的人脸安全认证，其他面容相似或非 LEP 的样本都是无法通过二重认证系统的。另外，在实验中应用加权训练字典 WDD 和 WCD，可以增强算法的流形结构性和鲁棒编码能力。从代价敏感方面考虑，不同决策的代价值不是一成不变的，可能会针对不同的代价敏感问题带来决策的变化，不同误分类的代价也要加以区别和分析，所以本章提出的两步认证方法在处理实际代价敏感问题时有很广泛的应用。

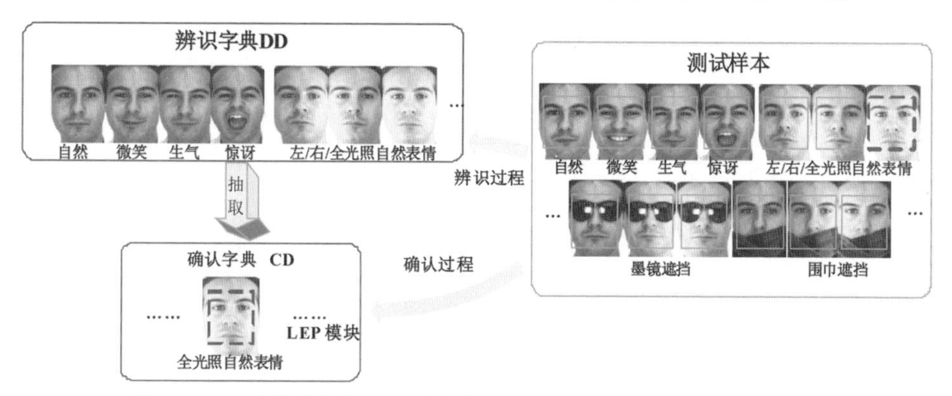

图 5-2　AR 人脸数据库上二重字典的构造方式和 CSFV_LEP 算法框架

5.3.2　CSFV_LEP 算法描述

根据 5.3.1 节的分析和描述，按模型需求设计一种由粗到细的人脸认证算法，不但可以很好地判别内部会员，而且可以在初步认证人员里进一步进行安全确认，即算法不但拒绝陌生人，同时也拒绝模糊不清的 LEP 内部人员，由此可见，特定的

LEP 相当于内部人员为本人设置的人脸安保密码。设计的算法描述如算法 5-1 所示。

算法 5-1　CSFV_LEP 算法

预处理工作：

(1) 输入：训练字典 DD 和 CD，测试样本 $\boldsymbol{y}$，参数 $\lambda_1,\lambda_2,\beta$。

(2) 应用式(5-1)计算加权矩阵，建立 WDD 和 WCD。

$$\boldsymbol{W}_{\mathrm{ORI}}=\left[d_1,\cdots d_L\right];\ \boldsymbol{W}_{\mathrm{LEP}}=\left[d_1',\cdots,d_L'\right]$$

$$\mathrm{WDD}=\boldsymbol{W}_{\mathrm{ORI}}\odot\mathrm{DD};\ \ \mathrm{WDD}=\boldsymbol{W}_{\mathrm{LEP}}\odot\mathrm{CD}$$

主要部分：

步骤 1：粗略地识别。

(1) 对于给定的 $\boldsymbol{y}$ 在 WDD 上编码，应用 ℓ_1 或 $\ell_2(p=1,2)$ 正则化约束的方法。

$$\hat{\alpha}=\arg\min_{\alpha}\{\|\boldsymbol{y}-\mathrm{WDD}\cdot\boldsymbol{\alpha}\|_2+\lambda\|\boldsymbol{\alpha}\|_p\}$$

(2) 计算相应的残差并输出分类结果：

$$\mathrm{Identify}(\boldsymbol{y})=\arg\min_i\|\boldsymbol{y}-\mathrm{WDD}\cdot\boldsymbol{\alpha}_i\|_2 \tag{5-7}$$

步骤 2：细致地确认。

(1) 对于给定的 $\boldsymbol{y}$ 在 WCD 上编码，应用 ℓ_1 正则化或 ℓ_2 正则化约束的方法。

$$\hat{\alpha}'=\arg\min_{\alpha'}\{\|\boldsymbol{y}-\mathrm{WCD}\cdot\boldsymbol{\alpha}'\|_2+\lambda\|\boldsymbol{\alpha}'\|_p\}$$

(2) 计算相应的残差并输出分类结果：

$$\mathrm{Identify}(\boldsymbol{y})=\arg\min_i\|\boldsymbol{y}-\mathrm{WCD}\cdot\boldsymbol{\alpha}_i'\|_2 \tag{5-8}$$

输出：两步认证的结果 $\mathrm{Identify}(\boldsymbol{y})$。

注意：

(1) 步骤 2 在步骤 1 正确分类之后进行。

(2) CD 是 DD 的子集，只包含 LEP 图像块特征。

(3) 基于 ℓ_1 和 ℓ_2 正则化的方法分别命名为 CSFV_LEP_L$_1$ 和 CSFV_LEP_L$_2$。

结束。

本章的实验结果用拒绝率(Reject Rate，RR)来评估，RR 的表示如下：

$$\mathrm{RR} = n_e / N_T \tag{5-9}$$

其中，n_e 是错误分类样本的数目，N_T 是测试样本的总数目。

5.3.3　CSFV_LEP 算法复杂度分析

WSRC 算法的时间复杂度约为 $O(m^2 n^e)$，其中 $e \geqslant 1.2$，随着训练字典规模的增大，复杂度也相应增加。本章提出的算法 CSFV_LEP_L1 是一个两步的基于 ℓ_1 正则化编码模式的方法，所以整个算法的时间复杂度为 $O(m_1^2 n_1^2) + O(m_2^2 n_2^2)$，其中 m_1 和 n_1 是 DD 的行值和列值，m_2 和 n_2 是 CD 的行值和列值。但由于 CSFV_LEP 算法的细致 LEP 认证步骤中，字典的列数和类别个数相同，为单样本识别问题，当类别个数确定时，n_2 的存在对于原来的时间复杂度的增加效果就不太明显，可以忽略，则 CSFV_LEP 算法的复杂度为 $O(m_1^2 n_1^2 + m_2^2)$。

5.4　实验结果及分析

本节将在标准数据库 AR、FERET、CMU Multi-PIE、GT 人脸数据库上进行实验来验证 CSFV_LEP 算法的性能。所有实验都在相同配置计算机的 MATLAB 平台上进行。本节首先讨论参数设置，之后通过与最近邻子空间分类(Nearest Subspace based Classification，NSC)[70]、线性回归分类(Linear Regression based Classification，LRC)[71]、CRC_RLS、结构稀疏分类(Block Sparse based Classification，BSC)[72]和 SRC 等算法相比较，来验证 CSFV_LEP 算法的安全性和有效性，实验结果用 RR 来衡量。

5.4.1　参数设置

CSFV_LEP_L1 算法中有 3 个参数：λ_1、λ_2 和 β，其中 λ_1(步骤 1)和 λ_2(步骤 2)服务于稀疏编码过程。图 5-3(a)所示实验结果显示，λ_1 可能会限制 λ_2 的取值，这是

由于 CSFV_LEP 算法的步骤 2 LEP 认证受限于步骤 1 粗略识别的，步骤 2 需要在步骤 1 人脸识别成功的基础上才能运行。为了简化 CSFV_LEP 算法并保持统一性，λ_1 和 λ_2 全部设定为 0.007，对比算法 SRC 也遵循此原则，以平衡实验结果。分布参数 β 可以在实验中调节以期取得更好的实验结果，如图 5-3(b)所示。其他算法参数则按其对应文献中提到的所能达到的最高识别性能情况选取，如在 AR、FERET 和 CMU Multi-PIE 数据库上，BSC 算法的阈值参数全都设定为 0.1，CRC_RLS 和 CSFV_LEP_L$_2$ 算法的参数 κ 全部设为 0.005，而在 GT 数据库上 BSC 算法的阈值参数取 0.15，参数 κ 取 0.6。

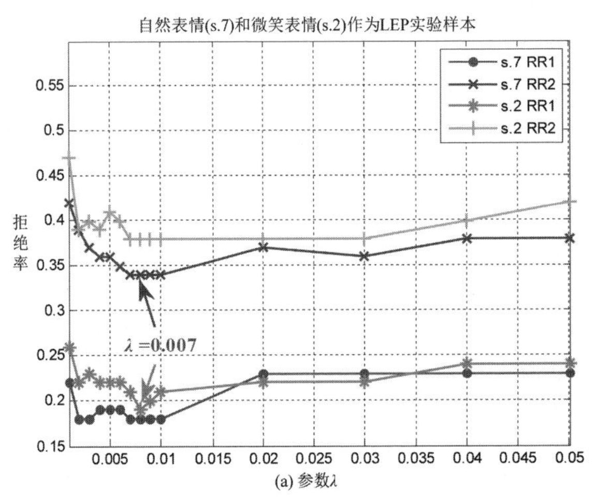

(a) 参数λ

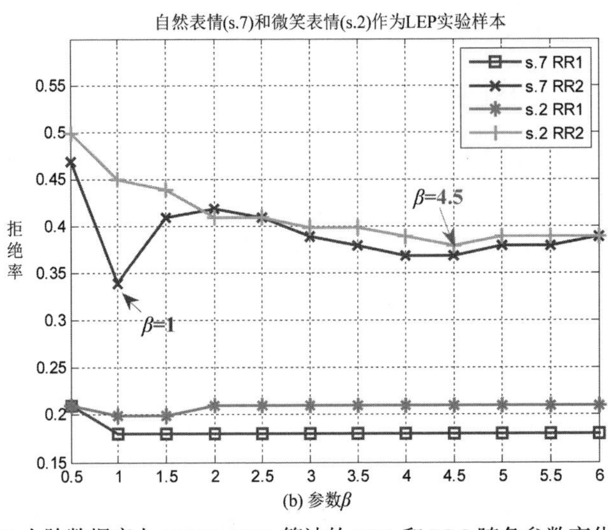

(b) 参数β

图 5-3　AR 人脸数据库上 CSFV_LEP 算法的 RR1 和 RR2 随各参数变化的曲线图

5.4.2　模型的安全和实用性能分析

为了验证 CSFV_LEP 模型的安全和实用性，在 AR、FERET、CMU Multi-PIE 和 GT 4 个人脸数据库上进行算法对比的实验。在不影响实验结果的前提下，为了减少时间消耗，需要对原图像进行降维处理。在粗略识别过程中，全局图像通过 PCA 算法进行降维，保留样本的大部分信息。在精细确认的过程中，从全局图像中抽取出用来认证 LEP 模块的最小表情动作人脸模块，采用下采样降维进行实验，效果较好。

1. AR 人脸数据库上的实验

AR 人脸数据库采集了 120 人两个时期带有不同表情的正面人脸图片，每一期里有 7 幅未遮挡的图片(包括自然表情、微笑、生气、惊讶全光照自然表情)和 6 幅遮挡图片(包括墨镜遮挡和围巾遮挡)，且每个人两个时期的相关样本都有相似的动作表情模式。随机抽取其中 100 人作为内部会员，剩余的 20 人为非会员。图片的尺寸被裁剪为 50×40，应用 PCA 方法对每个图片降维至 400 维作为判别过程应用的样本特征，而表情动作模块由原尺寸 35×30 下采样至 14×12。基于 AR 人脸数据库将进行如下两组实验。

(1) 实验一：100 个内部会员，每人取第一个时期 7 幅未遮挡的图片作为训练样本，其余 20 个非会员每人取第二个时期 13 幅图片作为测试样式。第一步判别过程中，抽取整幅图片的特征构造 DD，而第二步确认过程中，LEP 设置为全光照自然表情，且需要定位截取训练样本的最小面部关键特征(图 5-2 左下方训练集的红色虚线框内所示)，构成 CD。各算法对非会员的 RR1(步骤 1 的拒绝率)、RR2(步骤 2 的拒绝率)和平均识别时间如表 5-1 所示。

表 5-1　AR 人脸数据库上各算法对非会员的 RR1、RR2 和平均识别时间

对比算法	RR1	RR2	平均识别时间/s
NSC	0.8885	0.9577	0.2752
LRC	0.8808	0.9500	0.0043
CRC_RLS	0.9346	0.9769	**0.0033**
BSC	0.9462	0.9662	1.2163

(续表)

对比算法	RR1	RR2	平均识别时间/s
SRC	0.8808	0.9692	0.5417
$CSFV\_LEP\_L_2$	0.9588	0.9783	0.0037
$CSFV\_LEP\_L_1$	**0.9615**	**0.9962**	0.5315

表 5-1 中，通过 RR1 和 RR2 的比较，可以看出 CSFV_LEP 算法比其他算法对非会员更加排斥，例如 $CSFV\_LEP\_L_1$ 的第一步判别过程拒绝率为 96.15%，比 SRC、NSC 和 LRC 算法高约 8%，比 CRC_RLS 和 BSC 算法高约 3%和 2%，比 $CSFV\_LEP\_L_2$ 略高。而 $CSFV\_LEP\_L_1$ 第二步确认过程拒绝率高于 99%，比 $CSFV\_LEP\_L_2$ 高约 2%，比其他算法高 2%～4%。换句话说，CSFV_LEP 算法对陌生或伪装的非会员的筛选更严格，解决代价敏感人脸认证问题的安全性更高。

由于应用了 ℓ_1 正则化技术，$CSFV\_LEP\_L_1$ 在时间消耗方面没有太多优势，和 SRC 算法速度相似。但 $CSFV\_LEP\_L_2$ 算法的速度大约是 $CSFV\_LEP\_L_1$ 的 143 倍，是 BSC 算法的 329 倍，这是由于应用了 ℓ_2 正则化技术，采用矩阵映射计算而非迭代求解，虽然以微小的精度差落后于 $CSFV\_LEP\_L_1$，不过仍比其他算法更安全。

(2) 实验二：对于 100 个内部会员，选择第一个时期的 7 幅无遮挡图像构造训练集，其余所有第二个时期的样本都作为测试样本，包含自然表情(简写为 s.1)、微笑表情(简写为 s.2)、生气表情(简写为 s.3)、惊讶表情(简写为 s.4)、自然左/右/全光照表情(简写为 s.5/s.6/s.7)、墨镜遮挡模式(简写为 s.8/s.9/s.10)、围巾遮挡模式(简写为 s.11/s.12/s.13)，如图 5-2 所示。DD 是来源于训练集的通用字典，而 LEP 设置为全光照自然表情(图 5-2 左下方训练集的红色虚线框内所示)，为了突出 EP 模块的主要特征，人脸最小范围表情动作模块被抽取用来构造 CD。可以看到，只有 s.7(图 5-2 右侧测试集的红色虚线框内所示)表情动作模块与 LEP 模块比较相似，但是其他样本的 EP 模块(图 5-2 右侧测试集的绿色实线框内所示)都属于非 LEP 模块。所以，可以通过第二步特定表情动作的确认算法进一步判断待测样本是否为内部会员，增强算法的安全性和实用性。分别设定 s.7 和 s.2 为 LEP 时，CSFV_LEP 算法的实验结果随各参数变化的曲线如图 5-3 所示，可以参考该图调整各参数的最佳取值。各对比算法的 RR1 和 RR2 结果分别在表 5-2 和表 5-3 中列出。

表 5-2　AR 人脸数据库上各种算法通过判别字典进行粗略判别得到的 RR1 结果

(判别字典 DD 包含第一个时期的 7 个无遮挡样本特征)

对比算法	s.7	s.1	s.2	s.3	s.4	s.5/s.6	s.8/s.9/s.10	s.11/s.12/s.13
NSC	0.30	0.35	0.34	0.33	0.34	0.305	0.340	0.747
LRC	0.29	0.31	0.31	0.31	0.30	0.285	0.343	0.730
CRC_RLS	0.20	0.24	0.23	0.32	0.30	0.205	0.423	0.613
BSC	0.21	**0.20**	0.23	0.27	0.30	0.200	0.363	0.557
SRC	0.18	0.22	0.21	0.25	0.24	0.195	0.347	**0.543**
CSFV_LEP_L_2	0.18	0.21	0.22	**0.25**	0.23	0.200	0.340	0.551
CSFV_LEP_L_1	**0.18**	0.23	**0.20**	0.26	**0.23**	**0.195**	**0.337**	0.547

表 5-3　AR 人脸数据库上各种算法通过确认字典进行精细确认的 RR2 结果

(确认字典包含第一个时期的全光照自然表情的 LEP 模块特征)

对比算法	s.7	s.1	s.2	s.3	s.4	s.5/s.6	s.8/s.9/s.10	s.11/s.12/s.13
NSC	0.500	0.610	0.640	0.690	0.830	0.610	0.853	0.990
LRC	0.480	0.620	0.590	0.710	0.770	0.480	0.605	0.893
CRC_RLS	0.370	0.580	0.620	0.700	0.850	0.705	0.907	0.963
BSC	0.390	0.510	0.670	0.690	0.920	0.700	**0.990**	**1.000**
SRC	0.410	0.570	0.580	0.650	0.770	0.635	0.907	0.950
CSFV_LEP_L_2	0.360	0.810	0.940	0.890	0.920	0.900	0.947	0.980
CSFV_LEP_L_1	**0.340**	**0.860**	**0.940**	**0.900**	**0.940**	**0.905**	0.957	0.987

由图 5-3 可以看出，在两种 LEP 情况下，根据算法拒绝率的变化来选择参数 λ 和 β 的值，如 5.4.1 节所述。例如，在图 5-3(a)中，当 $\lambda = 0.005 \sim 0.01$ 时，算法在两种 LEP 设定下都可以达到比较好的识别性能，平衡的结果是令 $\lambda = 0.007$。在图 5-3(b)中，当 $\lambda = 0.007$ 时，可以看出，如果抽取第一个时期 s.7 样本的 EP 模块作为 LEP 特征，测试第二个时期的 s.7 样本，那么 $\beta = 1$ 时结果最佳。但如果把 s.7 样本均置换为 s.2 样本进行实验，此时 $\beta = 4.5$ 是最佳结果，其他的样本都是类似的调参方式。

由表 5-2 和表 5-3 可以看出，在第一步粗略判别的过程中，通过观察 RR1 的结果可以看出，CSFV_LEP_L_1 算法的辨识结果总体上比其他算法更稳定，特别是认证 s.7 或 s.2 样本时，拒绝率都达到同类算法中的最小值，满足粗略识别的初衷。在第二步精细确认的过程中，通过观察 RR2 的结果可以看出，CSFV_LEP 算法比其他算法安全性能更高。例如，在确认内部人员正确的 LEP(s.7)时，CSFV_LEP_L_1 的拒绝率最低为 34%，但是对于非 LEP(s.1～s.6)的内部人员，拒绝率 RR2 比其他算法更高。这意味着 CSFV_LEP 算法对带有正确 LEP 的内部会员比较友好，但对非 LEP 人员比较严格，充分证明了 CSFV_LEP 算法有很强的鲁棒性和安全性。同时，CSFV_LEP_L_2 算法也取得了仅次于 CSFV_LEP_L_1 算法的不错结果。但是对于遮挡样本(s.8～s.13)，BSC 算法取得了较高的拒绝率，CSFV_LEP_L_1 算法退居第二位，这是由于遮挡部位给 BSC 算法结构带来了很强的干扰，且精细确认过程为单样本识别问题，导致 BSC 算法失效，识别错误率增大。

将第一个时期其他表情图片样本分别设定为 LEP 特征时，测试第二个时期对应的相似 EP 样本时各对比算法 RR2 的结果如图 5-4 所示。可以看到两种 CSFV_LEP 算法在LEP精细确认过程中都取得了不错的结果，各算法几乎都对带有匹配LEP 的内部会员更宽容，使得内部会员更容易通过人脸认证，其中全光照自然表情拒绝率最低，而其他表情变化幅度较大的 EP 通过人脸认证的困难要大一些，特别是惊讶表情拒绝率比较高，所以在设定 LEP 时，尽量放弃一些变化幅度太大的表情动作模块，以免增大人脸安全认证中的误分类代价。

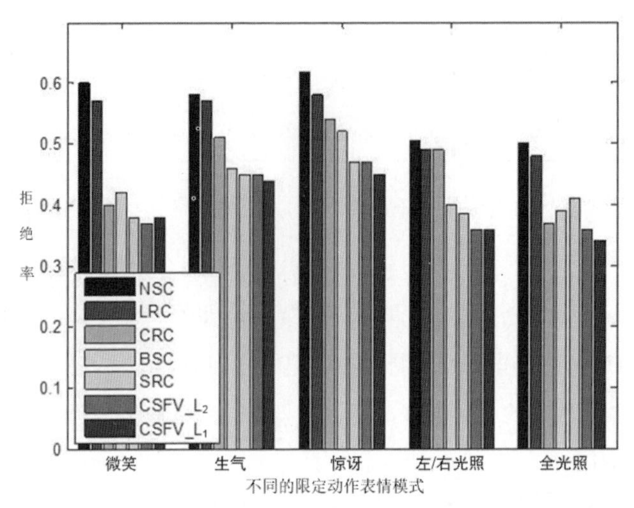

图 5-4 AR人脸数据库采用第一个时期不同的表情图片作为LEP得到的RR2 的对比图

2. FERET 人脸数据库

如图 5-5 所示，在 FERET 人脸数据库中，每人有 5 幅自然表情但不同姿态的图片、1 幅微笑表情图片和 1 幅低光自然表情的图片。随机选择 100 人作为内部会员，剩余 100 人作为非会员。每幅图片的尺寸被裁剪为 80×80，为体现实验的公平性，仍然用 PCA 进行降维至 400 维作为待判别的特征，从原图抽取的最小 EP 模块尺寸为 60×60，下采样降维至 12×12。基于 FERET 人脸数据库上也进行两组实验。

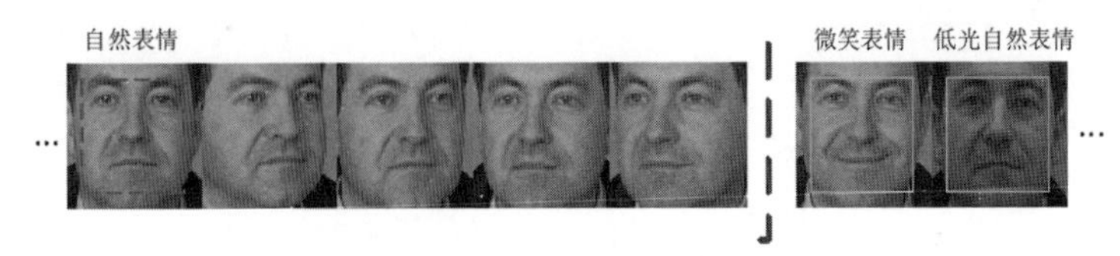

图 5-5　FERET 人脸数据库样本实例

(1) 实验一：100 个内部会员的所有 7 个样本构造 DD，而 CD 只包含正脸自然表情(图 5-5 中红色虚线框内)的特征作为 LEP 特征，100 个非会员的所有样本作为测试集。CSFV_LEP 算法和各对比算法的实验结果如图 5-6 所示。可以看出，CSFV_LEP_L_1 算法在 FERET 人脸数据库上对非会员有很高的排斥性，特别是在精细确认过程中拒绝率达到了 99.57%，高于其他算法，所以在进行代价敏感人脸认证时安全性能更高。

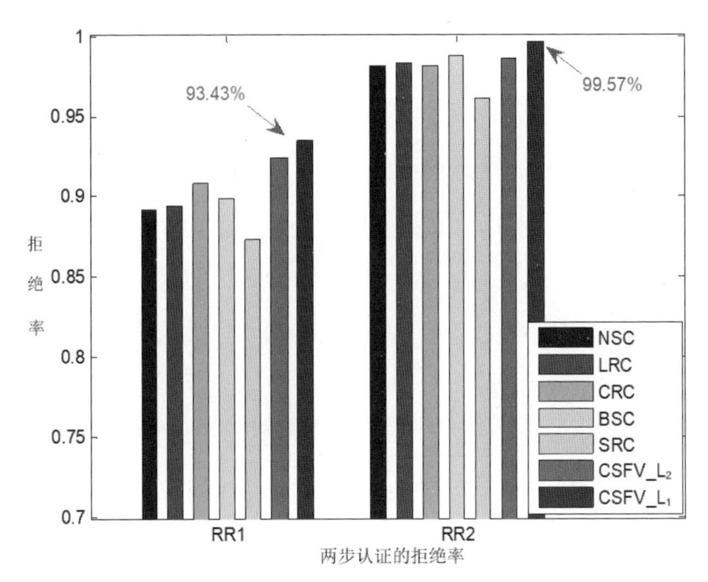

图 5-6　FERET 人脸数据库上各种算法对于非会员的拒绝率对比图

(2) 实验二：100 个内部会员的前 5 幅自然表情图片作为第一步判别过程的训练集，其他的样本作为测试集。正面自然表情块(图 5-5 中红色虚线框内)样本被设定为 LEP 模块，抽取相应特征构造 CD。由于相似表情动作样本在 FERET 人脸数据库里比较缺乏，所以只能观察到内部会员但非 LEP(微笑表情和低光自然表情)的拒绝率，如表 5-4 所示。

表 5-4 FERET 人脸数据库上各算法的拒绝率和平均运行时间

对比算法	非 LEP (微笑表情)			非 LEP (低光自然表情)		
	RR1	RR2	平均运行时间/s	RR1	RR2	平均运行时间/s
NSC	0.09	0.45	0.2014	0.24	0.68	0.2152
LRC	**0.07**	0.45	0.0051	0.17	0.65	0.0049
CRC_RLS	0.25	0.51	0.0025	0.22	0.64	0.0027
BSC	0.11	0.45	1.2541	0.25	0.62	1.2540
SRC	0.11	0.46	0.7327	0.19	0.66	0.7215
CSFV_LEP_L_2	0.12	0.60	**0.0024**	0.18	0.85	**0.0024**
CSFV_LEP_L_1	0.10	0.62	0.7405	0.16	0.85	0.7211

在粗略判别过程中，CSFV_LEP_L_1 对于两种非 LEP 人员的 RR1 分别是 10%和 16%，拒绝率较低，这说明提出的算法始终对内部会员保持友好和肯定的态度。同时可以看出 LRC 算法也可以取得类似的判别结果，且用时更短；CSFV_LEP_L_2 算法的 RR1 仅次于 LRC 算法，但时间消耗上却比 LRC 和 CRC_RLS 算法都要少。

在细致确认过程中，CSFV_LEP_L_1 算法对两种非 LEP 样本的 RR2 均比其他算法高，例如 CSFV_LEP_L_1 比 BSC 算法分别高 17%和 23%，比 CSFV_LEP_L_2 算法结果略好，但速度是其 1/300。CSFV_LEP_L_2 算法的 RR2 也比 BSC 算法分别高 15%和 23%，识别速度远超其他算法。

这充分说明了 CSFV_LEP 算法对待非 LEP 样本比其他方法更为严格，且二重认证的方式安全性更高。CSFV_LEP_L_1 算法的平均时间和 SRC 算法差不多，但是 CSFV_LEP_L_2 算法在时间消耗上的优势更突出，可满足现实中的实时性需求。

3. CMU Multi-PIE 人脸数据库

CMU Multi-PIE 人脸数据库包含 337 个人的分 4 个时期采集的超过 750 000 幅图片。选择一个采集于两个不同时期的 138 人的子集进行实验，子集包含正面不同光照、表情和外观的男、女图片样本，且相关的两个时期的样本有相似的表情动作模式，样本示例如图 5-7 所示。

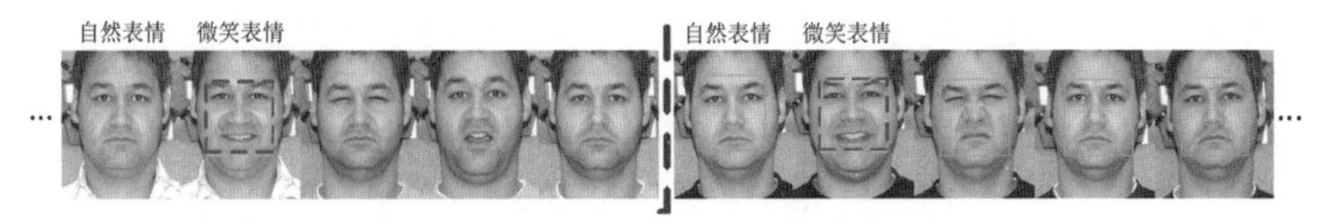

图 5-7　CMU Multi-PIE 人脸数据库样本实例

在这个实验中，假设所有的人都为内部会员。对于每一类，随机选择 5 幅人脸图片为训练样本，剩余的人脸图片作为测试样本。微笑表情图像的局部 EP 模块(图 5-7 左侧红色虚线框所示)设置为 LEP 特征用以构成确认字典。图像的尺寸都被裁剪为 70×60，应用 PCA 方法降维到 400 维进行类的粗略判别。为了取得更好的实验数据，EP 模块尺寸由 40×40 下采样到 12×12。

表 5-5 列出各算法对正确 LEP(图 5-7 右侧红色虚线框所示)和非 LEP(图 5-7 右侧绿色实线框所示)在 CMU Multi-PIE 人脸数据库上的实验结果。可以看出，粗略判别过程中，CSFV_LEP_L_1 算法对内部会员的 RR1 最低。但是经过细致确认后，对表现出正确 LEP 的会员 RR2 仍然最低，比 LRC 方法低 27%，比 NSC 和 CRC_RLS 算法分别低 18%和 16.4%，比 BSC 和 SRC 算法低 98%和 6.1%，与 CSFV_LEP_L_2 结果类似。而对非 LEP 内部会员的拒绝率比其他算法高很多，比 NSC 算法的 RR2 高 16.1%，CSFV_LEP 算法比 LRC、CRC_RLS、BSC、SRC 算法的 RR2 分别高 13.1%、5.2%、12%和 8.7%。CSFV_LEP_L_2 的结果仅次于 CSFV_LEP_L_1 算法，但它的速度优势更明显，仅次于 LRC 算法的速度。所以在内部人员预先设定好 LEP 的前提下，CSFV_LEP 算法可以防止容貌类似或伪装人员进入，为内部会员提供更安全和友好的安保服务。

表 5-5 CMU Multi-PIE 人脸数据库上各算法对 LEP 和非 LEP 的 RR1、RR2 及平均运行时间

对比算法	LEP(微笑表情)			非 LEP(其他表情)		
	RR1	RR2	平均运行时间/s	RR1	RR2	平均运行时间/s
NSC	0.361	0.632	0.2314	0.482	0.662	0.2952
LRC	0.297	0.723	**0.0041**	0.504	0.692	**0.0039**
CRC_RLS	0.321	0.615	0.0055	0.523	0.771	0.0053
BSC	0.305	0.550	1.1541	0.401	0.703	1.2243
SRC	0.314	0.513	0.5627	0.435	0.736	0.5815
$CSFV\_LEP\_L_2$	0.266	0.460	0.0042	0.381	0.821	0.0046
$CSFV\_LEP\_L_1$	**0.241**	**0.452**	0.5505	**0.372**	**0.823**	0.5811

4. GT 人脸数据库

GT 人脸数据库中包含 50 个人每人 15 个样本，这些样本带有变化的表情动作但是没有规律可循，样本示例如图 5-8 所示。由于数据库内类别缺乏，假设所有人都是内部人员。图像的尺寸裁剪为 120×100，粗略判别时用 PCA 方法降维至 400 维特征，最小表情动作块由原来的 80×70 下采样至 16×14。分别应用每人前 8、9、10 幅图片作为训练集，组建全局通用 DD，只包含自然表情(s.1)的 EP 块作为设定的 LEP 块来组建 CD，剩余的图像作为测试样本。由于相关的相似表情动作样本的不足，只能观察到对于非 LEP 人员的拒绝率结果。各算法的实验结果分别在表 5-6 中列出，可以看出，$CSFV\_LEP\_L_1$ 算法经过细致认证后的 RR2 最高，说明它仍然对非 LEP 内部人员保持更加拒绝的态度，并且随着训练样本增加，两个步骤的拒绝率均减小，这也说明更加完备的字典携带更多有助于稀疏编码的有效特征。由于第二步细致认证是在第一步粗略判别成功后进行的，虽然 CD 没有变化，但 RR2 被 RR1 制约，所以也会随 RR1 的减小而小幅减小。同时，对比平均运行时间，$CSFV\_LEP\_L_2$ 算法的时间消耗仍在各对比算法里有优势。

图 5-8 GT 人脸数据库样本示例

表 5-6　GT 人脸数据库上训练样本变化时各算法的实验结果

对比算法	*N*=8			*N*=9			*N*=10		
	RR1	RR2	平均运行时间/s	RR1	RR2	平均运行时间/s	RR1	RR2	平均运行时间/s
NSC	0.292	0.840	0.2359	0.272	0.840	0.2483	**0.228**	0.836	0.2611
LRC	**0.284**	0.836	**0.0020**	**0.272**	0.840	0.0027	0.232	0.830	0.0028
CRC_RLS	0.296	0.816	0.0021	0.276	0.816	0.0024	0.276	0.808	0.0026
BSC	0.292	0.804	1.0741	0.280	0.804	1.2183	0.276	0.800	1.4986
SRC	0.304	0.772	0.6134	0.276	0.768	0.6677	0.260	0.764	0.7413
CSFV_LEP_L_2	0.304	0.843	0.0023	0.282	0.848	**0.0024**	0.256	0.826	**0.0026**
CSFV_LEP_L_1	0.308	**0.852**	0.6051	0.276	**0.851**	0.6555	0.256	**0.848**	0.7142

5.5　本章小结

本章提出了一种基于限定的表情动作模式的代价敏感人脸认证算法，它是一个由粗到细的二重认证算法，合理利用人脸识别中不受欢迎的表情模式作为认证的主要特征信息，开发图像集中表情动作应用的创新技术，针对性地解决代价敏感的人脸安全认证问题。在这个算法里，构造浅层二重字典来进行稀疏分类：首先构造了包含图像全局特征的通用辨识字典，用于第一步粗略判别；然后在特定图像上抽取最小表情动作细节特征块，设定为限定表情动作块，构成的确认字典进行第二步精细确认，这个限定表情动作块类似于互联网中身份认证的“密钥”，是用户与系统进行双向认证的钥匙。为了增强字典的鲁棒性，挖掘样本间高维距离信息作为像素权值，自适应加权二重字典，使编码更灵活和稀疏。在分类方法上，本章采用基于 ℓ_1 和 ℓ_2 正则化方法的分类器进行分类，在拒绝率和速度上对算法进行分析和验证。

从实验结果上看，本章提出的 CSFV_LEP_L_1(应用 ℓ_1 正则化约束)算法在二重认证中表现最好，在不同的数据库上对能正确表现出 LEP 的用户的拒绝率最低，但对于非 LEP 的内部会员和非会员用户都保持了较高的警惕性，安全性能更高。同时，另一种基于ℓ_2正则化的 CSFV_LEP_L_2 算法在速度上超过 CSFV_LEP_L_1 和其他ℓ_1正则化约束算法，识别性能也仅次于 CSFV_LEP_L_1，如果为了平衡识别结果和运行时间，可以在实际应用中考虑 CSFV_LEP_L_2 技术。因此，本章提出的浅层全局加权二重字典和两步认证算法，不但有很高的安全性能和鉴别能力，同时在处理代价敏感人脸认证问题上有广阔的发展前景。

第6章 快速人脸识别的流形正则化方法

本章主要内容

- 快速人脸识别问题
- 相关的工作和知识点
- 核协同流形正则化表示模型
- 相关的实验结果

6.1 快速人脸识别问题

前面提到的线性空间的各种稀疏分类方法是将样本特征进行线性组合，得到稀疏编码并进行分类，但这些子空间回归的方法往往忽略了样本本身携带的非线性结构数据，特别是光照、表情、姿势、背景、年龄跨度、遮挡及分辨率的不同都会使人脸图像特征隐含非线性分布。为了使目标图像上捕捉到的非线性特征在高维空间中具有更高的线性区分性，基于核技术的众多扩展算法不断出现。

Scholkpf 等[73]首先把主成分分析算法(Principal Components Analysis，PCA)推广到核空间，提出核主成分分析算法(Kernel PCA，KPCA)，PCA 算法适用于图像的线性降维，而 KPCA 可实现图像的非线性降维，用于处理那些线性不可分的图像，具体方法是将低维空间的图像映射到一个高维空间(核空间、特征空间)，然后在新的空间中进行 PCA 降维，开创了图像识别与核函数融合的新思路。Ying Wen 等[74]利用 KPCA 核差分向量组合方法，求得原图像与正交化处理的图像的向量差值，可以体现类的公共不变性，再通过 KPCA 算法对差异向量进行优化，得到最优特征向量，最后求测试与训练差分特征向量之间的最小距离，有效提高识别效率。核独立成分分析(Kernel Independent Component Analysis，KICA)[75-76]可以收集和利用被 PCA 忽略的高阶统计信息并成功应用到人脸识别中，可以与多层的 BP 网络联合分类，对 PCA 及 ICA 算法进行扩展，取得了很好的效果。支持向量机技术也被扩展到核空间，有效提高了 SVM 的泛化和计算能力，也提高了算法的识别性能。Gao Shenghua 等人联合核技术与稀疏表示，大幅度提升了稀疏表示的分类性能，但由于采用ℓ_1正则化技术导致算法复杂度高，非常耗费时间，虽经典但很少采用。核协同算法 KCRC 应运而生，不但取得了和 KSRC 近似的结果而且显著地减小了时间消耗，加快了实验进展，具有很好的实用效果，受到研究者的欢迎。

Liu Weiyang 等在核协同算法的基础上，组建了一个局部约束字典(Locality Constrained Dictionary，LCD)，应用在核协同算法中，简单且取得了良好的效果，促进了字典学习和优化核函数分类器的研究。此外，Wang Dong 等[77]提出了基于ℓ_2正则化的核协同表示方法，优化选择核函数和样本特征，在准确度和运行速度上都取得了较好的性能，尤其是在遮挡和噪声情况下的人脸识别，最后还尝试应用各种复合结构约束和优化核功能。Liu Weiyang 等分析了复合核函数的优势与构架，提出了三种有效的复合核框架提升单一核功能，并比较三种复合函数的分类结果，验证其有效性。Chen Wensheng 等[78]认为非负矩阵分解(Nonnegative Matrix Factorization，NMF)方法的降维核局部特征提取的优势可以扩展，但处理非线性分布数据时性能不高，提出了一种监督非线性方法增强 NMF 的识别性能，把输入数据映射到再生核希尔伯特空间，增强数据的非线性关系，利用判别分析方法减小类内散射，扩大类间散射，保证分解分量的非负性，提升 NMF 定义标签的性能。Huang Kekun 等[79]通过组建核扩展字典，利用 SRC 处理遮挡样本和核判别分析方法抑制类内差异的优点，有效组合了核判别分析和稀疏表示算法，避免了过拟合，较好地处理遮挡和小样本情况下的人脸识别。文献[80]提出了一种判别感知的通道/核修剪方法和几种提高优化效率的技术，去除冗余通道，加速深度网络的推理过程，选择具有良好判别、分析能力的通道/核，利用两个自适应停止条件自动筛选核数量，增强深度模型图像分类和人脸识别能力。

第 5 章提出基于核空间的联合核协同表示分类方法，可以通过扩展字典达到较满意的分类结果。但联合核协同表示主要依靠核函数本身的鲁棒性，仅在核空间里优化了核函数，弥补了单一核函数的缺陷。所以本章提出了一种核协同流形正则化(Kernel Collaborative Representation based Manifold Regularized，KCRMR)模型，利用样本核空间结构和流形空间结构交集，来解决非约束情况下的分类问题，属于联合空间优化方法，主要贡献如下：①融合了空间相似性结构和基于ℓ_2范数约束核协同表示的方法，获得更优化的结果，特别是在遮挡和噪声情况下；②提取样本局部二值化特征，增加分类器的辨识力，并减小采集样本对各种非约束条件的敏感性；③详细讨论了模型的约束项最优近邻基对本章算法分类精确度的影响，验证 KCRMR 算法的有效性和可行性。

本章其余部分的主要内容如下：6.2 节详细介绍核协同流形正则化模型的结构；6.3 节通过不同的实验结果，验证核协同流形正则化算法的性能；6.4 节总结核协同流形正则化算法。

6.2　核协同流形正则化模型

鉴于第 2 章已经介绍过核协同算法，考虑到样本相似性关系和空间几何结构，本节主要介绍一种可以增强核空间结构性能并更贴近人类感知的联合模型——核协同流形正则化模型。核协同流形正则化算法是核协同算法的扩展算法，可以自适应选择最优化近邻基来优化和修正模型，该模型如下：

$$\hat{\boldsymbol{\alpha}}=\arg\min_{\boldsymbol{\alpha}}\{\|\phi(\boldsymbol{y})-\phi(\boldsymbol{A})\boldsymbol{\alpha}\|_2+\sigma\sum_{i=1}^{K}w_i^2\cdot\|\boldsymbol{y}-\boldsymbol{x}_i\|_2^2+\lambda\|\boldsymbol{\alpha}\|_2^2\} \tag{6-1}$$

其中，$\sum_{i=1}^{K}\boldsymbol{w}_i^2\cdot\|\boldsymbol{y}-\boldsymbol{x}_i\|_2^2$为自适应最优化近邻基，$\boldsymbol{\sigma}$为可调惩罚系数，$\boldsymbol{w}_i$表示自适应权重。自适应最优化近邻基可以计算测试样本和训练样本的相似程度，用来约束和修正 KCRMR 模型。为了简化算法复杂度且不影响分类结果，选用局部稀疏系数作

为自适应权重，即 $\boldsymbol{w}_i=\boldsymbol{\alpha}_i$。因此得到了最终的优化解：

$$\hat{\boldsymbol{\alpha}}=(K_{AA}+\sigma B_{NN}+\lambda I)^{-1}K_A(\boldsymbol{y}) \tag{6-2}$$

其中，$[B_{NN}]_{ii}=\|\boldsymbol{y}-\boldsymbol{x}_i\|_2$ 是 $N\times N$ 的对角矩阵，表示测试样本和训练样本的相似程度，也可以得到与测试样本处于同一子空间的近邻样本贡献度。

得到式(6-2)计算出来的稀疏系数后，可以通过计算最小正则化重建残差来对测试样本进行分类：

$$r_i=\|\phi(\boldsymbol{y})-\phi(\boldsymbol{A}_i)\boldsymbol{\alpha}_i\|/\|\boldsymbol{\alpha}_i\|_2^2 \tag{6-3}$$

由稀疏表示理论可以知道，稀疏系数 $\boldsymbol{\alpha}$ 可以通过映射测试样本和映射字典表示。如果测试样本属于第 i 类，那么理论上 $\|\phi(\boldsymbol{y})-\phi(\boldsymbol{A}_i)\boldsymbol{\alpha}_i\|=\kappa(\boldsymbol{y},\boldsymbol{y})-2\boldsymbol{\alpha}_i^{\mathrm{T}}K_{A_i}(\boldsymbol{y})+\boldsymbol{\alpha}_i^{\mathrm{T}}K_{A_iA_i}\boldsymbol{\alpha}_i$ 的数值要小，而对应的 $\boldsymbol{\alpha}_i$ 反之。所以考虑到重建误差和稀疏系数的贡献，正则化残差能够比通用残差更有效地修正分类结果。

KCRMR 算法在高维核空间里提高了 CRC_RLS 算法的辨识性能，使非线性数据变得线性可分，同时也比其他基于 ℓ_1 正则化核方法的时间消耗少。KCRMR 算法应用了几何流形结构和自适应近邻基进行加权，可以约束 KCRMR 模型，得到更为稀疏的系数编码，有利于人脸识别分类。从空间角度来看，KCRMR 算法利用低维的流形空间约束高维核空间，可以挖掘样本各子空间深层特征进行融合。另外，KCRMR 算法采用了局部二值模式(LBP)特征和海明(Hamming)核函数，可以减小样本非约束条件下采集的敏感性，具有灰度不变性和旋转不变性，且计算速度快，可以增强分类器的识别性能，特别是在遮挡或噪声下的人脸识别。图 6-1 展示了核协同流形正则化模型的基本原理和框架。

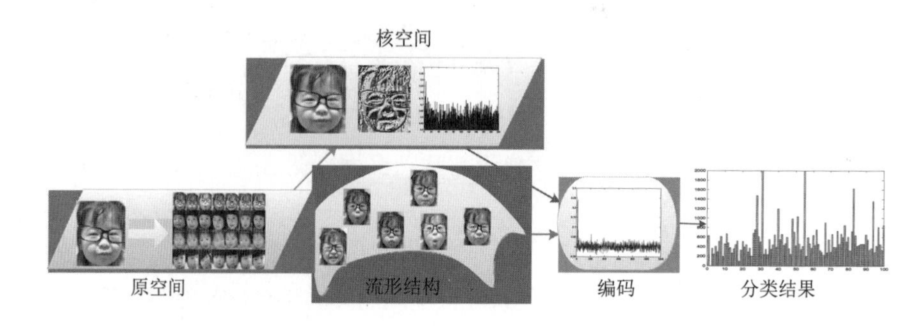

图 6-1　核协同流形正则化模型的基本原理和框架

6.3　实验仿真及结果分析

本节在 Extended Yale B、AR、FERET 及 Lab2 基准人脸数据库上进行人脸识别实验，来评估 KCRMR 算法的性能。CRC_RLS、RRC_L_2、KCRC(Gaussian)、KCR-ℓ_2 (LBP+HK)等算法作为对比算法，所有实验均在同一配置计算机的同一仿真软件上实现。上述比较算法里不包含 KSRC 等基于ℓ_1范数约束的算法，原因是这些算法耗时严重，不能满足实时性需求，而基于ℓ_2范数的各对比算法也可以取得与基于ℓ_1范数算法相似的实验结果。本节采用随机的训练集，所有实验都是独立的。

6.3.1　参数设置

为了提高算法的有效性，需要仔细设置那些在算法中取值较小的规范化参数。在 KCR-ℓ_2 (LBP+HK)算法中，当$\lambda = 0.005$时可以取得很好的分类性能。公平起见，在各对比算法中，需要用到的惩罚参数λ统一设为 0.005，以便对比结果。RRC_L_2算法的参数比较复杂，因此继续采用该方法论证的最好的参数设置。KCRMR 中还有一个惩罚参数σ，作用也和λ类似，可以影响最优化稀疏系数的求解，所以需要在实际实验中调整σ的取值，并且会在之后的章节讨论它的作用。

6.3.2　Extended Yale B 人脸数据库上的人脸识别实验

Extended Yale B 人脸数据库包含 38 个人在 9 种不同姿势和 64 种不同光照条件下采集的 2414 幅正面人脸图片。图片的尺寸都被裁剪为 32×32，并抽取 LBP 特征应用到实验中。为了获取全局最好的结果，参数σ在本实验中设定为10^{-5}。在这里做两组实验：无遮挡人脸识别实验和模拟遮挡人脸识别实验。

1. 无遮挡人脸识别实验

无遮挡人脸识别实验中，随机选择每人m_1个样本(包含他们的标签)作为样本训练集合($m_1 = 5,10,20,30,40,50$)，剩余的样本组成相关的测试集。

表 6-1 Extended Yale B 人脸数据库上各算法随样本个数变化的识别率

对比算法	m_1=5	m_1=10	m_1=20	m_1=30	m_1=40	m_1=50
CRC_RLS	0.8273	0.9366	0.9716	0.9804	0.9787	0.9825
RRC_L_2	0.8058	0.9174	0.9359	0.9725	0.9843	0.9844
KCRC(Gaussian)	0.8862	0.9558	0.9903	0.9961	0.9955	0.9961
KCR-ℓ_2(LBP+HK)	**0.9834**	0.9956	0.9964	0.9961	0.9966	0.9961
KCRMR(LBP+HK)	0.9825	**0.9961**	**0.9964**	**0.9969**	**0.9966**	**0.9961**

表 6-1 列出了各对比算法随样本个数变化的识别率。可以看出，在无遮挡情况下，KCRMR 算法在不同训练样本下都取得了较好的结果，例如在 m_1=10,30 时，识别率最高，达到 99.69%；在 m_1=20,40,50 时与 KCR-ℓ_2(LBP+HK)算法类似，但比 CRC_RLS、RRC_L_2、KCRC(Gaussian)算法识别率要高 1%～6%。值得注意的是在 m_1=5 时，KCRMR 的识别能力仅次于 KCR-ℓ_2(LBP+HK)，这是由于在训练样本不足的情况下近邻相似度测量误差较大，不能很好地约束核协同模型，影响最终的分类结果。但是在训练样本充足的情况下(m_1=10,20,30,40,50)，流形正则化的方案可以很好地修正模型并体现样本空间的本质结构，取得不错的识别效果。

2. 模拟遮挡人脸识别实验

遮挡人脸识别实验中，随机选择每人 m_2 个样本(包含他们的标签)作为训练集(m_2=5,10,15,20,25,30)，剩余的样本组成相关的测试集。单个或多个的长方形黑色块或白色块遮挡，随机附加在测试样本上，作为人脸图片的模拟遮挡部位，每个色块遮挡的面积为图片总面积的 10%，且色块遮挡可重叠。

表 6-2 和表 6-3 列出了 10%色块(黑色或白色)遮挡的情况下各算法随样本个数变化的识别率。可以看出，基于核函数的算法 KCRMR、KCR-ℓ_2(LBP+HK)、KCRC(Gaussian)高于线性算法 CRC_RLS、RRC_L_2 的识别性能，说明核协同算法可以使低维非线性数据在高维空间线性可分，获得更多人脸特征信息，更适用于人脸识别。而应用 LBP 特征和海明核的 KCRMR 和 KCR-ℓ_2(LBP+HK)算法优于基于高斯核的 KCRC(Gaussian)算法。在相同参数设定下，KCRMR 的整体识别性能比 KCR-ℓ_2(LBP+HK)略胜一筹，仅在 m_2=5 时识别率略低于后者，其原因是在较少的训

练样本中，最优化近邻基约束的优势不能完全体现出来。当训练样本足够(例如 m_2=30)时，KCRMR 算法在模拟块(黑色或白色)遮挡时的人脸识别率超过 99%，且随训练样本的增多，识别特征信息更丰富，识别率也更高。对比黑色和白色遮挡块实验，可以看出算法认为黑色遮挡块比白色遮挡块更能表现样本的主要成分，因此 CRC_RLS、RRC_L2、KCRC(Gaussian)在黑色遮挡块实验中表现更好，KCRC(Gaussian)在 m_2=30 时达到了 96.86%的识别率。但是 KCRMR 和 KCR-ℓ_2(LBP+HK)算法采用了局部二值化特征和海明特征，对灰度数据不敏感，导致这两种算法在白色遮挡块上识别性能更好。

表 6-2　Extended Yale B 人脸数据库上 10%黑色块遮挡情况下各算法的识别率

对比算法	m_2=5	m_2=10	m_2=15	m_2=20	m_2=25	m_2=30
CRC_RLS	0.5612	0.7582	0.7912	0.8226	0.8391	0.8556
RRC_L_2	0.5149	0.6068	0.6224	0.6625	0.6907	0.7041
KCRC(Gaussian)	0.7551	0.8925	0.9199	0.9207	0.9435	0.9686
KCR-ℓ_2(LBP+HK)	**0.8611**	0.9451	0.9827	0.9874	0.9882	0.9906
KCRMR(LBP+HK)	0.8430	**0.9513**	**0.9882**	**0.9929**	**0.9922**	**0.9969**

表 6-3　Extended Yale B 人脸数据库上 10%白色块遮挡情况下各算法的识别率

对比算法	m_2=5	m_2=10	m_2=15	m_2=20	m_2=25	m_2=30
CRC_RLS	0.4717	0.4937	0.5259	0.5251	0.5126	0.5063
RRC_L_2	0.6311	0.6397	0.6648	0.7143	0.7182	0.7433
KCRC(Gaussian)	0.7418	0.8791	0.9246	0.9372	0.9388	0.9576
KCR-ℓ_2(LBP+HK)	**0.8807**	0.9819	0.9937	0.9961	0.9976	0.9984
KCRMR(LBP+HK)	0.8752	**0.9819**	**0.9945**	**0.9976**	**0.9984**	**0.9992**

图 6-2 和图 6-3 展示了单色块(黑色或白色)遮挡的比例为 20%和 30%的情况下各算法识别率的比较曲线。可以看出，在 20%和 30%黑色块遮挡情况下(见图 6-2)，KCRMR 算法的识别率远超其他算法，一方面，随着训练样本的增多，各算法识别率均是上升的趋势；另一方面，随着遮挡面积的增大，各算法识别性能均受到了影响。在 m_2=5 时，本实验解决了小样本识别问题，由曲线可见在各基础算法识别性

能恶劣的情况下，KCRMR 算法保持精度的领先地位。在 m_2=30 时，KCRMR 算法分别达到 99.69%和 97.02%的最高识别率，紧随其后的是 KCRC(Gaussian)算法，RRC_L_2 算法识别率低于 KCRC(Gaussian)，但也比基础算法 CRC_RLS 提升 20%～30%，它们的鲁棒性均高于 KCR-ℓ_2(LBP+HK)算法，并且在训练样本规模达到可构成过完备字典的条件后，随训练样本数增多，识别精度上升趋势开始变缓。可知，KCRMR 算法和 KCR-ℓ_2(LBP+HK)算法虽然都采用 LBP 和 HK 数据模式，但流形正则化方法极大改善了 KCR 核结构的稳定性，增强了模型的鲁棒性，验证了 KCRMR 算法策略的有效性。

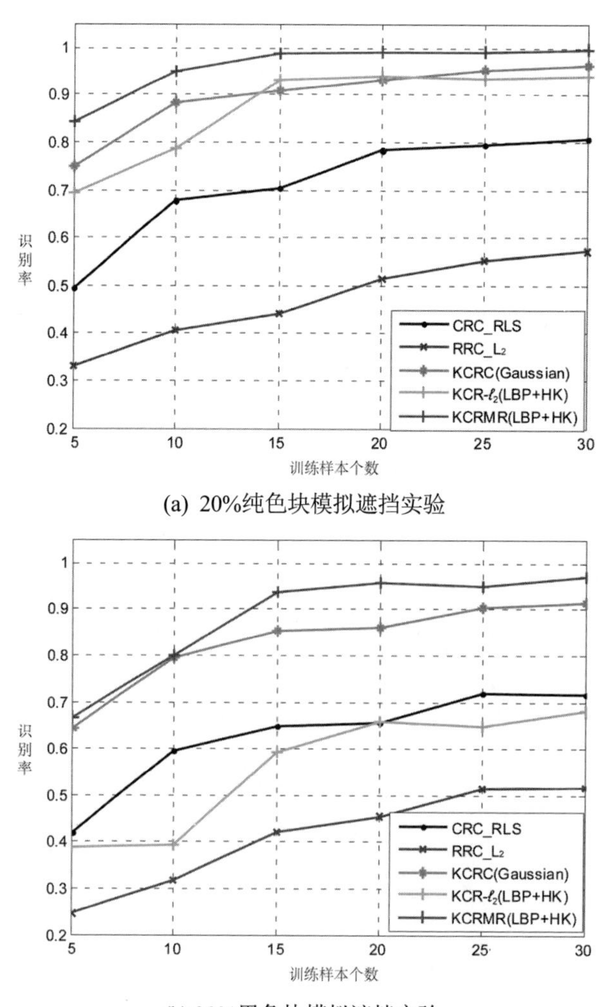

(a) 20%纯色块模拟遮挡实验

(b) 30%黑色块模拟遮挡实验

图 6-2　Extended Yale B 人脸数据库上 20%和 30%黑色块遮挡情况下各算法的识别率

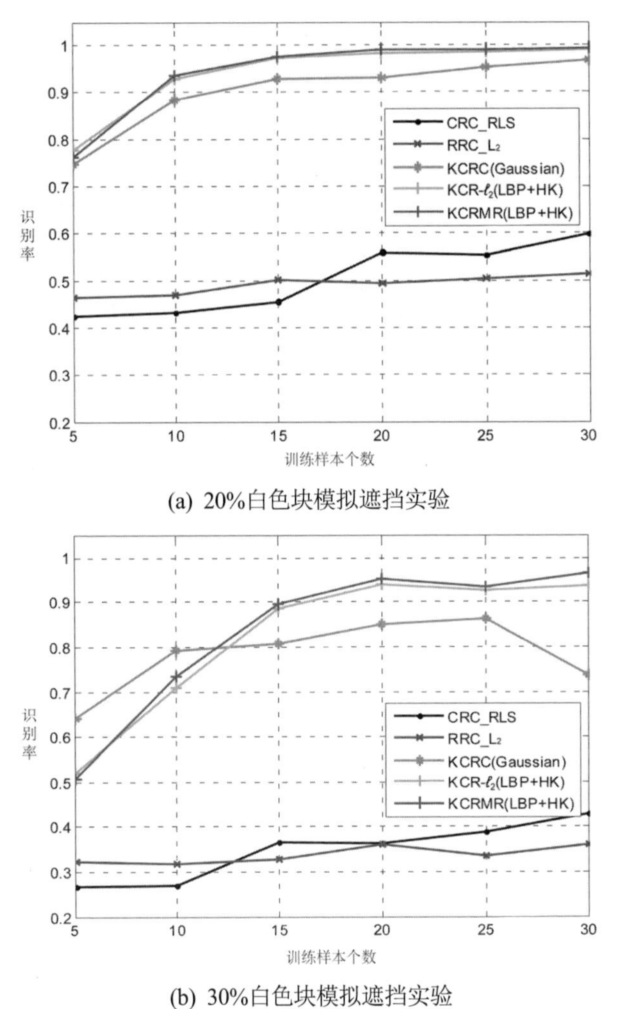

(a) 20%白色块模拟遮挡实验

(b) 30%白色块模拟遮挡实验

图 6-3　Extended Yale B 人脸数据库上 20%和 30%白色块遮挡情况下各算法的识别率

模拟遮挡由黑色遮挡块改为白色遮挡块后，各算法的识别率随样本数目的增加而呈上升趋势，当字典原子规模达到可构成过完备字典的条件时，识别率上升态势变缓，但识别细节与黑色块模拟遮挡略有不同。在 20%白色块遮挡时(见图 6-3(a))，KCRMR 算法在 $m_2 \geqslant 10$ 时性能高于其他算法，但 KCR-ℓ_2(LBP+HK)算法与 KCRMR 算法识别率非常接近，其余算法远低于这两种算法；在遮挡面积增加至 30%(见图 6-3(b))且 $m_2 \geqslant 15$ 时，KCRMR 算法超过其他对比算法；在 m_2=30 时，识别率达到 96.47%。这是由于算法中采用的 LBP 数据特征易忽略白色遮挡的主成分信息，无法捕捉遮挡部位及其周围的真实的数据结构分布信息。

6.3.3 AR 人脸数据库上的人脸识别实验

AR 人脸数据库采集包含 120 个人两个时期(时间间隔为两周)不同光照、表情和遮挡的正面人脸图片，每个人每个时期 13 幅图片，其中 7 幅为无遮挡图片，另外 6 幅分别为墨镜遮挡和围巾遮挡图片，如图 6-4 所示。图片的尺寸和抽取特征的方式与 Extended Yale B 人脸数据库相同。在 AR 人脸数据库上也进行两组实验：无遮挡人脸识别实验和真实遮挡人脸识别实验。

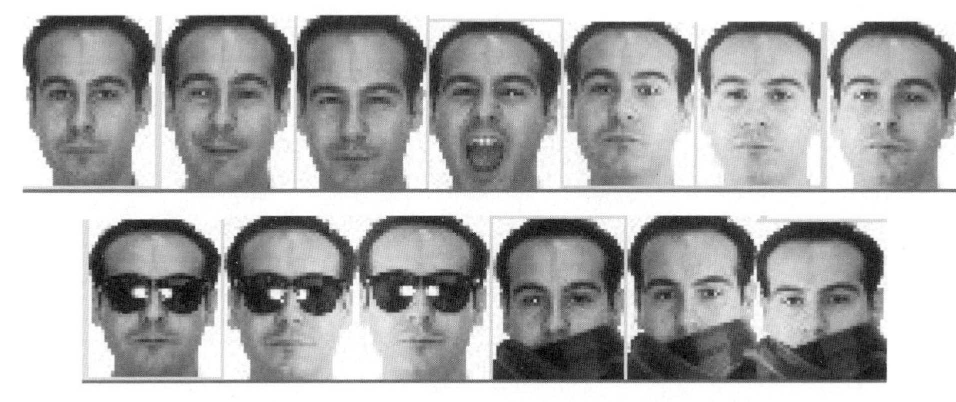

图 6-4　AR 人脸数据库上部分样本示意图

1. 无遮挡人脸识别实验

从每人 14 幅无遮挡图片中随机选择每人 m_1 个样本(包含他们的标签)作为训练集(m_1=2,4,6,8,10,12)，剩余的样本组成相关的测试集。为了取得较好的实验结果，参数 σ 在本实验中设定为10^{-5} 。

由表 6-4 可以看出 KCRMR 算法优于其他算法，但差距不大，仅在 m_1=2 时以 0.7%的较小差距位于第二位。原因仍然是训练样本较少时，难以准确找到最近邻样本，相似度矩阵无法发挥优势。但在其他训练样本的情况下，KCRMR 算法都能取得不错的识别精度。例如在小样本 m_1=2,4 时，分别比 CRC_RLS 算法识别率高 3.4%和 1%；而在 m_1=12 时，各算法基本都可以完全识别测试集样本。这说明，在无遮挡识别过程中，对比算法的实验结果区分度不大，都可以很好地解决无遮挡样本识别问题。

表 6-4 AR 人脸数据库上无遮挡情况下各算法的识别率

对比算法	m_1=2	m_1=4	m_1=6	m_1=8	m_1=10	m_1=12
CRC_RLS	0.8617	0.9400	0.9588	0.9800	0.9850	0.9900
RRC_L_2	0.8125	0.8380	0.6413	0.8967	0.9650	0.9650
KCRC(Gaussian)	0.8408	0.9280	0.9625	0.9833	0.9925	0.9900
KCR-ℓ_2(LBP+HK)	**0.9025**	0.9500	0.9688	0.9883	0.9900	1.0000
KCRMR(LBP+HK)	0.8958	**0.9500**	**0.9700**	**0.9900**	**0.9900**	**1.0000**

2. 真实遮挡人脸识别实验

随机选择每人 m_2 个无遮挡样本(包含他们的标签)作为训练集(m_2=2,4,6,8,10,12)，真实遮挡的样本包括每人 6 幅墨镜遮挡和 6 幅围巾遮挡的图片用来组成相关的测试集。

由表 6-5 和表 6-6 看出，KCRMR 算法充分体现了联合约束空间核空间和流形结构的优势，特别是在处理较大面积遮挡，例如围巾遮挡时，性能远高于其他对比算法。在眼镜遮挡测试时，除了 m_2=2 时，KCRMR 算法识别率略低于 KCR-ℓ_2(LBP+HK)算法，但分别比 CRC_RLS 和 KCRC(Gaussian)算法高 47.84%和 14%，在其他训练样本个数的情况下都能达到最佳的识别效果；在 m_2=10 时，KCRMR 算法精度比 CRC_RLS 算法提高了 41%。随着样本的增多，各算法的识别率都有所提升，例如，训练样本个数 m_2=2,12 时，CRC_RLS 算法识别率提升了约 30%，KCRMR 算法也提升了约 19%，达到了 99.33%。

在解决围巾遮挡问题时，KCRMR 算法取得了最佳的识别率。例如，当 m_2=2 时，KCRMR 算法的识别率分别比 CRC_RLS 和 RRC_L_2 算法高 36%和 21%，同时也比其他两种核算法识别性能高；在 m_2=10 时，KCRMR 算法分别比 KCRC(Gaussian)和 KCR-ℓ_2(LBP+HK)高约 11%和 2.5%，达到了 98%的较高识别精度，这说明正则化流形约束项可以改进核协同算法的性能，并增强算法的抗干扰和处理遮挡的能力。随着样本的增多，各算法的识别率都有所提升，例如，训练样本个数 m_2=2,12 时，CRC_RLS 算法识别率提升了约 35%，KCRMR 算法也提升了约 23%，达到 97.67%。同时，为了得到更好的实验结果，参数 σ 在实际实验中是可以调整的，如表 6-5 和

表 6-6 所示。

表 6-5　AR 人脸数据库上墨镜遮挡情况下各算法的识别率(参数 $\sigma = 2\times10^{-5}$)

对比算法	m_2=2	m_2=4	m_2=6	m_2=8	m_2=10	m_2=12
CRC_RLS	0.3283	0.3833	0.5333	0.6067	0.5850	0.6200
RRC_L$_2$	0.7750	0.8783	0.9150	0.9217	0.9350	0.9383
KCRC(Gaussian)	0.6667	0.8100	0.8667	0.9450	0.9450	0.9700
KCR-ℓ_2(LBP+HK)	**0.8117**	0.9467	0.9800	0.9850	0.9867	0.9900
KCRMR(LBP+HK)	0.8067	**0.9567**	**0.9833**	**0.9867**	**0.9950**	**0.9933**

表 6-6　AR 人脸数据库上围巾遮挡情况下各算法的识别率(参数 $\sigma = 5\times10^{-5}$)

对比算法	m_2=2	m_2=4	m_2=6	m_2=8	m_2=10	m_2=12
CRC_RLS	0.3933	0.6217	0.6833	0.6517	0.7000	0.7500
RRC_L$_2$	0.5383	0.7133	0.7883	0.8250	0.8400	0.8600
KCRC(Gaussian)	0.6850	0.8283	0.8633	0.8800	0.8733	0.9050
KCR-ℓ_2(LBP+HK)	0.7467	0.8867	0.9333	0.9533	0.9550	0.9500
KCRMR(LBP+HK)	**0.7483**	**0.8950**	**0.9583**	**0.9717**	**0.9800**	**0.9767**

6.3.4　FERET 人脸数据库上的人脸识别实验

FERET 人脸数据库是一个标准评估数据库，包含 200 个人在变化的光照、表情和姿势条件下采集的正面人脸图片。图片的尺寸和抽取特征的方式与 AR 人脸数据库相同。这里的参数σ全部设为10^{-5}。基于 FERET 人脸数据库也进行两组实验：无遮挡人脸识别实验和同源遮挡人脸识别实验。

1. 无遮挡人脸识别实验

无遮挡人脸识别实验中，随机选择每人m_1个无遮挡样本(包含他们的标签)作为训练集(m_1=5)，剩余的样本组成相关的测试集。表 6-7 列出了各算法在无遮挡情况下的识别率和平均识别时间，可以看出，在无遮挡情况下，KCRMR 算法的识别性能高于其他 4 种算法，识别率达到 82.16%，比 CRC_RLS、RRC_L_2 和 KCRC(Gaussian)算法高 14.32%、15.49%和 15.91%，比 KCR-ℓ_2(LBP+HK)算法高约 2%，证明了本章提出的 LBP+HK 方案和流形结构加权方案的有效性。

表 6-7　FERET 人脸数据库上无遮挡情况下各算法的识别率和平均识别时间

算法	CRC_RLS	RRC_L_2	KCRC(Gaussian)	KCR-ℓ_2(LBP+HK)	KCRMR(LBP+HK)
识别率	0.6784	0.6667	0.6625	0.8041	**0.8216**
平均识别时间/s	0.0070	0.3549	**0.0038**	1.2943	1.5204

由表 6-7 也可以看出，KCRMR(LBP+HK)和 KCR-ℓ_2(LBP+HK)算法在速度上不如其他 3 种算法，这是由于海明核函数的时间成本要高些。另外，KCRMR 算法中最优化近邻基计算占用了一部分时间，也使其时间消耗略大于 KCR-ℓ_2(LBP+HK)算法，但相比基于核稀疏算法时间消耗大约 10 倍于 KCR-ℓ_2(LBP+HK)的算法来说，KCRMR 算法的合理时间消耗是可行的，也可以基本满足实时性要求。

2. 同源遮挡人脸识别实验

同源遮挡人脸识别实验中，10%～50%不同比例的通用狒狒块遮挡分别随机附在测试样本中，作为人脸图像的同源遮挡部分。由图 6-5 可以看出，随着同源块噪声面积的增大，各对比算法的识别率都有所下降，KCRMR 在 50%遮挡时比 10%遮挡时的识别率下降了约 30%，但毫无疑问 KCRMR 算法比其他对比算法识别性能高，即使在 50%的大面积遮挡时，识别率也能保持遥遥领先，其次是采用了 LBP 和 HK 方案的 KCR-ℓ_2(LBP+HK)算法。可见，KCRMR 算法可以挖掘样本的流形结构信息并应用到核空间，约束和优化核协同模型，在处理遮挡和噪声问题时可以取得较好的识别结果。

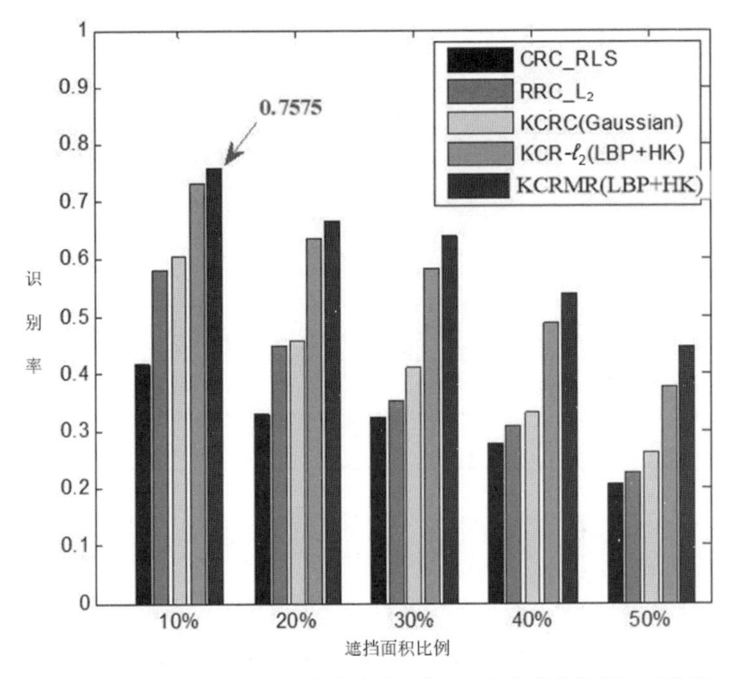

图 6-5　FERET 人脸数据库狒狒块遮挡情况下各算法的识别率对比图

6.3.5　Lab2 人脸数据库上的人脸识别实验

Lab2 人脸数据库模拟真实世界的环境，包含 50 个人正面人脸图片(每人有 20 幅近红外和 20 幅可见光条件下采集的图片)。图片的尺寸和抽取特征的方式与 FERET 人脸数据库相同。这里的参数σ全部设为10^{-5}。基于 FERET 人脸数据库进行两组实验：无遮挡人脸识别实验和渐变遮挡人脸识别实验。

随机选择每人 m_1=10 个无遮挡样本(包含他们的标签)作为训练集，剩余的样本组成相关的测试集。由于实际生活中遮挡部位不一定是同样的灰度级，所以用渐变颜色遮挡块作为模拟的遮挡。这些模拟的遮挡块设置为方形的，面积是整幅图片面积的 10%。0～5 个渐变遮挡块随机附加在测试样本的任何位置，作为人脸图像的模拟真实物体遮挡部分。在 0～50%渐变块模拟遮挡情况下各算法的识别率对比如图 6-6 所示。

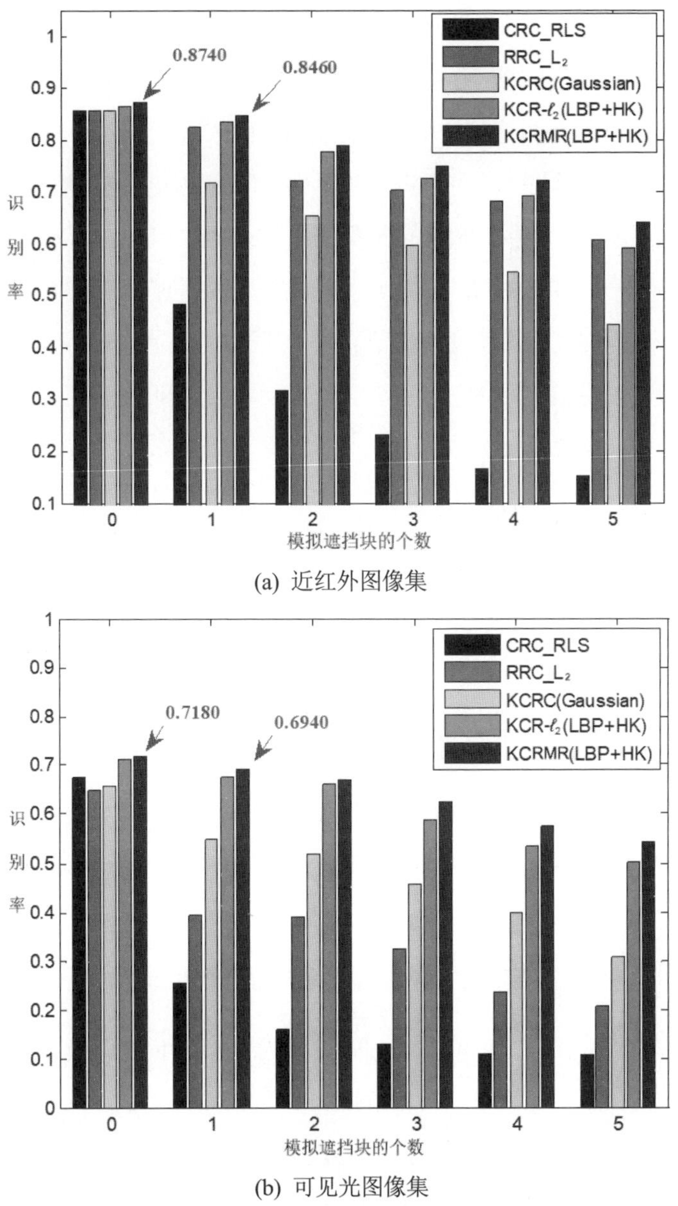

(a) 近红外图像集

(b) 可见光图像集

图 6-6　Lab2 人脸数据库渐变块模拟遮挡情况下各算法的识别率对比图

由图 6-6 可以看出，在不同个数的模拟遮挡块条件下，相比其他的算法，KCRMR 算法仍然保持稳定的优势。例如近红外图像集实验中，KCRMR 在无遮挡(0 块遮挡)时识别率达到 87.4%，其他算法的识别率也不错，但随着遮挡面积的增大，各算法识别性能均有所下降，其中 CRC_RLS 算法的鲁棒性最差，其他算法的精度都缓慢下降，但一直到 50%遮挡(5 个遮挡块)时，KCRMR 算法比其他算法的识别性能都要好，KCR-ℓ_2(LBP+HK)的表现比 KCRMR 稍差些，不过鲁棒性也比较强。值得注意的是，在 50%渐变块模拟遮挡情况下，RRC_L_2 算法的鲁棒性与 KCR-ℓ_2(LBP+HK)类似，原因可能是该算法在近红外图像集上处理渐变块时，对灰度变化的遮挡不敏感。在可见光图像集实验中，情况也是类似，KCRMR 和 KCR-ℓ_2(LBP+HK)算法的精度的分别是第一位和第二位。有一点不同的是，随着遮挡面积增加，RRC_L_2 算法精度的下降趋势与其他算法变得相似。基于 Lab2 人脸数据库两个不同场景采样图像集的实验可以说明，KCRMR 算法在处理不同类型和面积遮挡的问题时，鲁棒性和识别性能高于其他对比算法。

6.3.6 参数的影响

本节分别基于各人脸数据库分析修正项参数对算法的贡献，来评估 KCRMR 模型中修正项的作用。对于 Extended Yale B 人脸数据库，选择模拟遮挡实验讨论参数的贡献，首先随机选择每人 30 幅人脸图片作为训练样本，剩余样本作为测试集，并且测试图片都带有 30%白色块遮挡。对于 AR 人脸数据库，随机挑选每人 12 幅无遮挡人脸图片作为训练集，选择 600 幅围巾遮挡图片作为测试集。在两个数据库上分别比较两种参数的变化情况。

1. 情况 1：λ 固定设置为 0.005，但 σ 可变

由图 6-7 和图 6-8 可以看出，当 λ 固定设置为 0.005 时，在参数 σ 变化的情况下，KCRMR 算法也能基本保持稳定的高识别率。例如在 $\sigma = 5\times10^{-5}$ 时，两个数据库上的实验结果都达到了最大值，分别为 98.04%和 97.67%，而 λ 取其他值时，识别率都有所下降。而 KCR-ℓ_2(LBP+HK)算法相当于 KCRMR 算法的 $\sigma = 0$，在两个数据库上识别率分别为 93%和 95%。由此证明了合理设置参数 σ 的值，即合理地加入流形正则化约束项，可以修正和优化核协同算法的空间结构和识别性能，得到更为稀疏的编码系数，有助于图像分类。

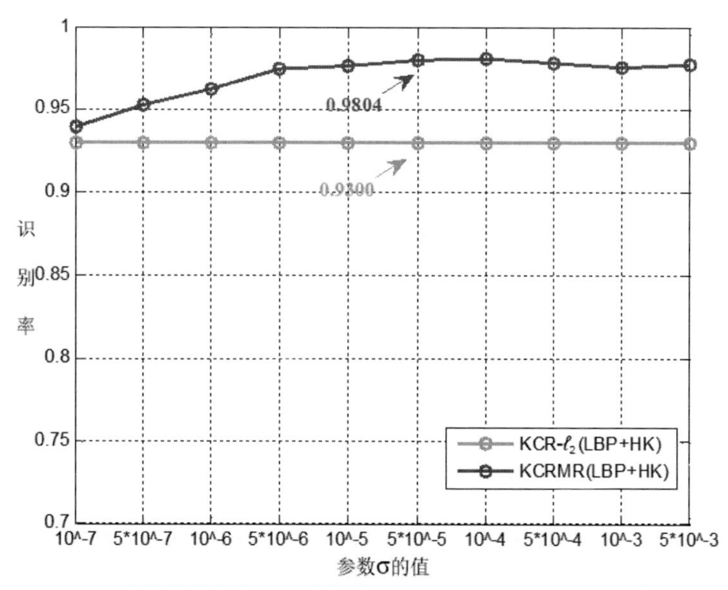

图 6-7　Extended Yale B 人脸数据库上 30%白色块遮挡下 λ=0.005，σ 取不同值时对识别率的影响

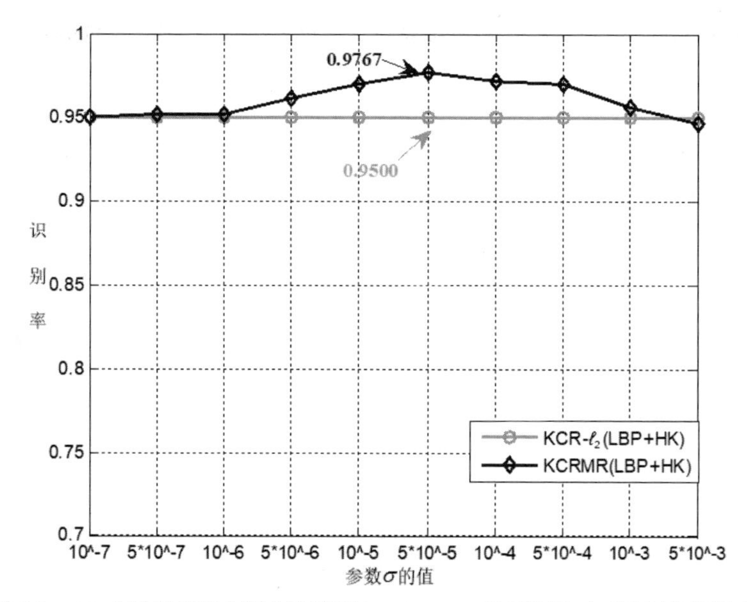

图 6-8　AR 人脸数据库上围巾遮挡下 λ=0.005，σ 取不同值时对识别率的影响

2. 情况 2：λ 和 σ 都可变

由图 6-9 和图 6-10 可以看出，约束项参数 σ 比惩罚参数 λ 对最终的实验结果影响更大。从识别率曲线上看，当 σ 固定但 λ 可变时，识别率变化明显。从理论上分析，参数 λ 可以影响高维核空间的编码稀疏度，但参数 σ 受几何空间流形结构变化

的影响更大。此外，受 LBP 特征的应用和最优化近邻基约束的影响，在空间特征上减小了样本类内变化，也使空间流形约束项对核协同模型贡献度更明显，所以在一定程度上削弱了参数 λ 对整体模型的控制力。

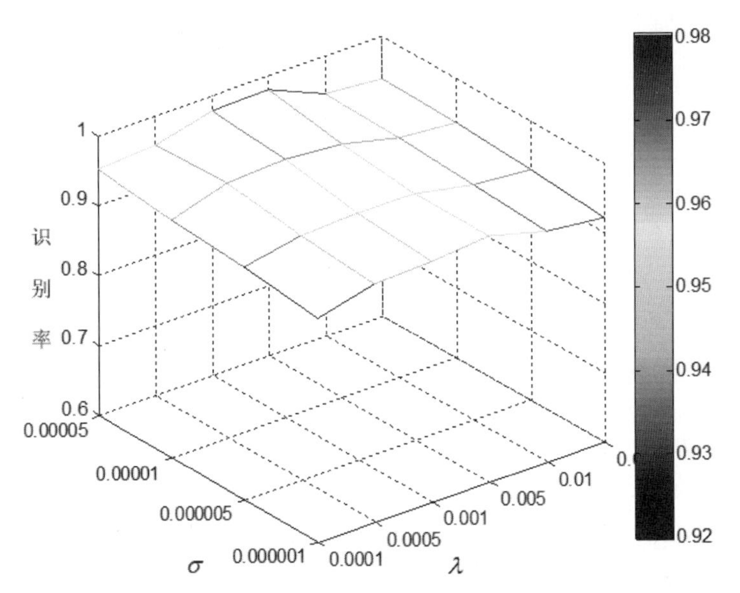

图 6-9　Extended Yale B 人脸数据库上 30%白色块遮挡下 λ 和 σ 取不同值时对识别率的影响

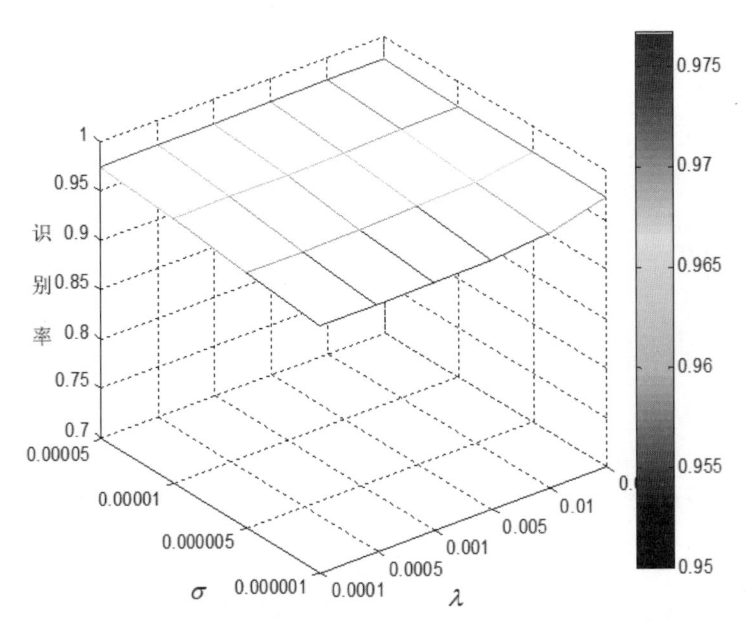

图 6-10　AR 人脸数据库上围巾遮挡下 λ 和 σ 取不同值时对识别率的影响

因此，参数变化对实验结果的影响说明，正则化流形约束项可以有效地修正和优化核协同表示模型。同时，LBP 特征和有效核函数的加入使 KCRMR 算法在处理非约束人脸识别时能取得更好的识别效果。

6.4　本章小结

本章提出了一种核协同流形正则化表示算法，它是核协同算法的扩展，用于解决非约束的人脸识别问题。KCRMR 算法融合了核协同表示和流形空间结构的优势，可以在核空间捕捉更多样本的非线性结构，并且在流形空间内更深入地挖掘流形结构信息(样本相似性关系和空间黏稠度)，来增强核协同表示算法在联合空间上的鲁棒性和分类能力。

另外，KCRMR 算法采用了局部二值模式特征和海明核函数方案，可以减小样本非约束条件下采集的敏感性，具有灰度不变性和旋转不变性，且计算速度快，可以增强分类器的识别性能。因此，KCRMR 算法是一个适合处理非约束人脸识别问题的联合且高效的模型，可以与其他字典学习、深度框架结合使用，有利于提升模型的鲁棒性和稳定性。通过在多个标准通用数据库上进行不同表情、遮挡、姿态和光照变化等非约束情况下的人脸识别实验，并与相似的算法进行比较，KCRMR 算法都取得了较好的识别结果。这充分证明 KCRMR 算法具有合理的数据结构组合，在非约束人脸识别的处理上具有更强的鲁棒性，特别对于常见的人脸伪装、遮挡和噪声等问题，可以取得较好的效果。

第7章 分层建模大规模人脸认证方法

本章主要内容

- 深度学习人脸识别问题
- 相关的工作和知识点
- 深层局部字典学习方法
- 相关的实验结果

7.1 大规模人脸识别问题

深度学习可以进行逐层的特征学习，有利于可视化表示和图像分类任务，在多个领域，特别是人工智能领域，深度学习的应用非常广泛，发展速度非常迅猛。大规模的训练数据集、优化的深度学习模型结构和快速发展的损失函数使得深度人脸识别取得了巨大的成功。 现有人脸识别算法大多在同一个方向上努力：最小化类内距离且最大化类间距离。

Sun Yi 等于 2013 年提出用卷积神经网络的方法对面部特征点进行检测，是利用深度学习检测人脸面部特征点识别算法的开端。同年，谷歌和百度各自发布了基于深度学习的视觉搜索引擎。据不完全数据统计，2007 年发布的 Labeled Faces in the Wild(LFW 2007)人脸数据库曾被公认为业内难度最大的非标准人脸数据库，采用特征脸(Eigenface)的最高识别率达到 60%，而采用联合贝叶斯(Joint Bayesian)的最高识别率为96.33%，这个数据被认为是不采用深度学习算法的最好结果。而如果采用深度学习算法，香港中文大学的最高识别率为99.53%，谷歌的最高识别率为99.6%，百度的最高识别率为99.8%，这些已经远远超过了人眼识别率。

面对强大的深度学习算法，许多研究者都开始了探索之旅。马晓等[81]针对小样本下样本类内变化鲁棒性弱的问题，提出了基于深度学习特征的稀疏表示人脸识别算法。他们利用深度卷积神经网络提取所需要的人脸特征，这些特殊的人脸特征不但对类内变化不敏感，而且自身也具有一定的子空间特性，可以与稀疏表示结合进行人脸分类。考虑到亲属样本之间固有的局部相似关系，刘怀飙等[82]提出基于Lightened CNN网络结构来提取亲属样本的特征，在采用卷积神经网络自动学习多层特征的同时，利用不同的激活函数缩紧输出特征，提高神经网络抽取特征的速度和区分度。根据训练数据库的不完备性，Zhong Yaoyao等[83]提出类内和类间目标可以适度优化以缓解过拟合问题，并提出了一种新的S型约束球面损失(Sigmoid-constrained Hypersphere Loss)函数SFace，由两个Sigmoid梯度重尺度函数控制，通过S型约束球面损失函数分别对类内/类间损失产生的反馈梯度进行编辑，自适应地减小噪声样本对模型训练的影响，在减少纯净样本的类内距离和防止过拟合之间达到更好的平衡，取得了很好的识别精度，提高了人脸识别的稳定性。何星辰等[84]认为人脸的形状和纹理特征会随年龄的增加发生显著的变化，进而产生很大的类内干扰影响人脸识别性能，由此提出一种将年龄估计和人脸识别融为一体的深度卷积神经网络模型。这种模型可以抵抗年龄干扰而进行快速的人脸识别，先把卷积块注意力模型嵌入残差网络中获得更有辨识力的人脸特征，然后利用线性回归方法完成年龄估计任务得到年龄干扰因子，通过多层感知机将整个面部特征与年龄干扰特征投影到同一线性可分空间，最后从面部的稳定特征中将年龄干扰分离出来，采用改进的角度损失函数对消除年龄干扰的面部特征分量进行人脸识别，提升模型分类性能。近年来，优秀的深度学习算法层出不穷，在计算机视觉和模式识别等领域都做出了巨大的贡献。

考虑到深度学习对于样本特征提取的优势和稀疏表示扩展算法的强分类性，本章提出基于深层局部字典(Deep Local Dictionary，DLD)特征优化的人脸识别算法，配合联合加权核协同表示(Weighted and Joint Kernel Collaborative Representation，

WJKCR)算法进行分类识别，具体包括：①首先利用正态分布的概率密度函数对多幅多角度的人脸图片进行局部块大规模抽取；②利用深度卷积神经网络和迁移学习理论对图像块进行特征提取，优化选择特征集作为局部人脸最优特征数据字典；③利用联合加权核组稀疏表示进行视频人脸分类，验证 DLD_WJKCR 算法的有效性和可行性。

本章其余部分的主要内容如下：7.2 节详细介绍深度学习模型结构和迁移学习；7.3 节介绍深层局部字典的构造方式；7.4 节介绍联合加权核组稀疏表示分类器构造方式；7.5 节根据不同的实验结果，验证 DLO_WJKCR 算法的性能；7.6 节总结本章内容。

7.2 深度学习框架

7.2.1 卷积神经网络

卷积神经网络是深度学习中的代表性网络之一，以深层神经网络为基础的，在图像处理领域应用非常广泛。卷积神经网络与传统的图像分类算法不同，可以直接输入原始图像，不需要事先进行复杂的预处理。同时，传统的神经网络各层间是烦琐的全连接的方式，即输入层到隐藏层的神经元都是全部连接的，这种结构使得训练参数规模巨大，训练速度非常慢甚至无法训练，而卷积神经网络利用局部连接和权值共享等方法大幅度减小了参数规模。由于结构的调整和训练的快速等优势，多层神经网络结构训练变得有序且容易，并且准确率也得到了大幅度提升。下面详细介绍卷积神经网络的两个关键概念。

1. 局部连接

例如，一个维数为1000×1000的输入图像，神经网络的下一个隐藏层的神经元数目为10^6。如果采用全连接的方式，则需要$1000\times1000\times10^6=10^{12}$个权值参数，这使得网络训练运算复杂且速度缓慢；而采用局部连接方式，隐藏层的每个神经元仅与图像中10×10的局部图像相连接，那么此时的权值参数数目为$10\times10\times10^6=10^8$，这将使参数规模直接减少 4 个数量级，训练难度和训练时间也大幅度降低。

2. 权值共享

在局部连接中，隐藏层的每一个神经元连接的是一个10×10的局部图像，因此一共有10×10个权值参数。将训练好的10×10个权值参数共享给该隐藏层剩下的神经元，即隐藏层中10^6个神经元的权值参数相同，那么此时不管隐藏层神经元的数目具体是多少，需要训练的参数就只有这10×10个权值参数，也就是卷积核(滤波器)的大小。这种特征映射的权重称为共享权重，其偏差称为共享偏差[84]，如图 7-1 所示。

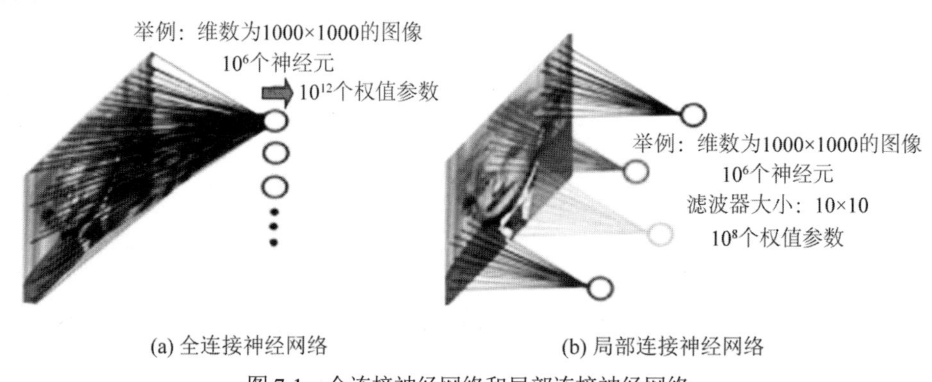

(a) 全连接神经网络　　(b) 局部连接神经网络

图 7-1　全连接神经网络和局部连接神经网络

这两个技术就是卷积神经网络的优势所在，尽管训练参数少，但是仍然能表示图像深层的空间结构信息。但上述描述仅提取了图像的一种特征，如果要提取多种特征，可以适量增加卷积核，不同的卷积核可以映射图像的不同的变化特征，这些特征称为特征地图(Feature Map，FM)。例如，如果卷积核数目增加至 100 个，需要训练的参数也仅有$10\times10\times100$个。另外，同一种卷积核共享一个偏置参数，考虑到偏置参数，则需要训练的参数为$(10\times10+1)\times100$个。

7.2.2　经典的卷积神经网络结构

图 7-2 是经典的 LeNet-5 卷积神经网络结构图。由图 7-2 可以看出，卷积神经网络结构中，卷积层和池化/采样层交替出现，进行特征提取。卷积层主要完成对图像

提取若干个不同的特征映射的任务，用于之后的图像空间信息的表达；池化层通常在卷积层之后使用，其作用是对原特征进行抽样，简化卷积层的输出，即降维，这样不但可以有效减少需要训练的参数数目，还可以减轻网络模型过拟合程度。

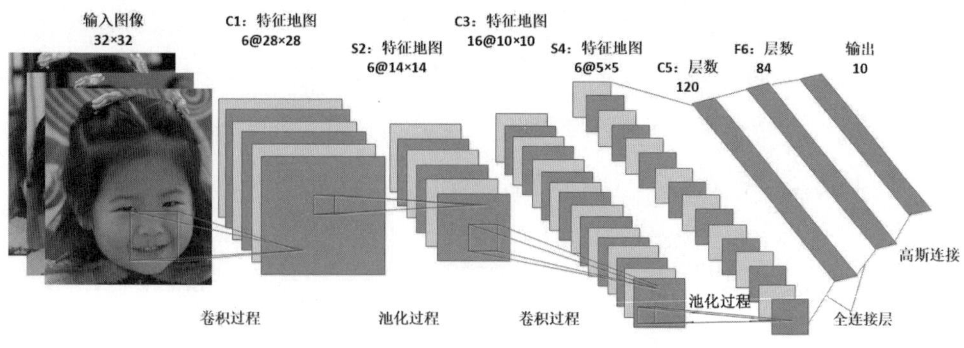

图 7-2　LeNet-5 卷积神经网络结构图

下面简单分析一下 LeNet-5 卷积神经网络的构成，假设输入层是维数为32×32的原图像。

(1) C1 层是卷积层，卷积核为 6 个，则有 6 个28×28的特征图，每个特征地图的神经元与输入中的5×5的邻域相连，每个卷积神经元的参数数目是5×5个共享参数和 1 个偏置参数，则共有$(5\times5+1)\times6\times(28\times28)=122\,304$个连接，共享参数总数为$(5\times5+1)\times6=156$。

(2) S2 层是池化层(也称为下采样层)，有 6 个14×14的特征地图，每个特征地图的每个单元与上一个卷积层 C1 的特征地图中的一个2×2的邻域不重叠连接，所以 S2 层每个特征地图的大小是上一层特征地图大小的 1/4。S2 层每个单元的 4 个输入相加之后乘一个可训练参数 w，再加上一个可训练偏置参数 b，通过激活函数 Sigmoid 的计算，则连接数为$(2\times2+1)\times1\times(14\times14)=5880$个，共享参数为$2\times6=12$个可训练参数。

(3) C3 层是一个卷积层，拥有 16 个卷积核，所以可得到 16 个特征地图，特征地图大小为10×10；每个特征地图中的每个神经元与上一个池化层中某基层的多个5×5的邻域相连。

(4) S4 层是一个池化层，由 16 个5×5大小的特征地图构成，特征地图的每个单元与 C3 层中相应特征地图的2×2邻域相连，连接数是$(2\times2+1)\times(5\times5)\times16=2000$

个，共享参数为$2\times16=32$个可训练参数。

(5) C5 层又是一个卷积层，共有 120 个神经元，这可看作 120 个特征地图，每个特征地图的大小为1×1，每个单元与 S4 层全部 16 个单元的5×5邻域相连(S4 和 C5 之间的全连接)，连接数与可训练参数均为$(5\times5\times16+1)\times120=48120$。

(6) F6 层有 84 个单元，与 C5 层全连接，F6 层计算输入向量和权重向量之间的点积，再加上一个偏置，连接数与可训练参数均为$(120+1)\times84=10164$。

(7) 输出层可采用欧式径向基函数单元输出。

7.2.3 迁移学习

迁移学习是指将已有知识迁移到新环境中，也就是把上一个已训练好的模型参数迁移到新的模型中，帮助新的模型训练数据集，是将一种学习成果应用到另一种学习中并进行持续学习的过程，广泛应用于有监督学习、非监督学习和强化学习中。迁移学习的优点是不需要从零开始学习，已训练好的模型把所学的参数分享给新的模型，可以加快并优化新模型的学习进程，并应用在新的相关知识领域。具体来说，在迁移学习中，已学习的知识称为源域(source domain)，要学习的新知识称为目标域(target domain)，如何把源域的知识更好地迁移到目标域上是迁移学习研究的主要内容。源域和目标域的知识需要有一定的关联，在数据分布与特征、模型的输入及输出之间进行匹配和参数共享，更好地在目标域建模，提高模型的泛化能力和稳定性。

迁移学习的原理如图 7-3 所示。

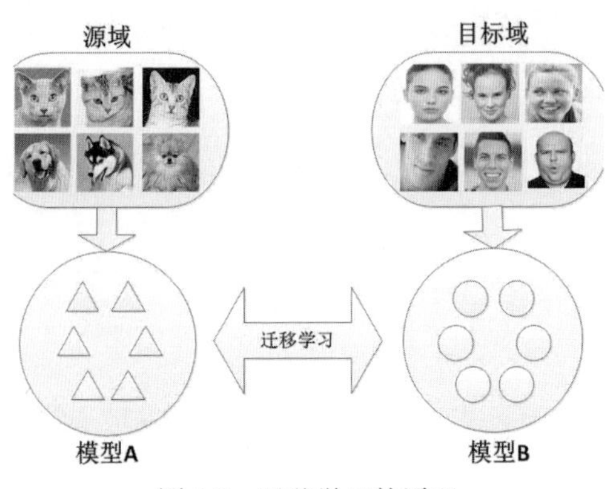

图 7-3　迁移学习的原理

1. 迁移学习的分类

迁移学习按照学习方式可以分为以下几类。

(1) 基于样本的迁移。基于样本的迁移需要在源域中找到与目标域相似度较高的数据，标记这个数据，调整其权值(一般是赋予高权重值)，使其可以与目标域的数据进行匹配，然后利用标记数据的权值变化进行知识的迁移。一般情况下，带有权重的辅助训练数据和源数据结合，共同提高迁移模型在目标域中的分类性能。

(2) 基于特征的迁移。如果源域和目标域的数据不易找到相似性，则可以在它们的特征层面寻求共同特征。如果经过学习发现源域和目标域有部分共同的特征，但不在同一特征空间或在同一特征空间但距离较远，则通过特征变换，将源域和目标域的数据映射到相同的特征空间，使得这个子空间内部的源域数据与目标域数据分布一致，缩小两个域之间的距离来进行知识的迁移。

(3) 基于模型的迁移。将已经在源域中通过大量数据训练好的模型应用到目标域上进行预测。例如，一个已经利用海量的图像训练好的图像识别或分类系统，在处理一个新的图像识别问题时，就不需要再重新费时费力训练了，只需要把原来训练好的模型参数迁移到新的目标域中进行图像识别，也可以获得很好的效果。

(4) 基于关系的迁移。如果源域和目标域有某种相似的学习关系，可以将源域中的逻辑网络关系类比到目标域上来完成知识的迁移，也可以理解为把源域和目标域都映射到了一个经过设计的新数据空间中完成深度神经网络的共享。这种迁移类型需要深入挖掘域间的逻辑关系，研究和应用不广泛。

2. 迁移学习的过程

迁移学习可以分为两个过程。

(1) 预训练过程。预训练是一种无监督学习，首先将大量数据输入模型，然后将对其训练之后所得的优化参数作为神经网络模型的初始参数。这个过程中，无须对样本进行标记，可节省大量的时间和人工成本。预训练之后的参数可以在其他任务模型中共享使用，得到更快的收敛速度。

(2) 微调过程。根据具体新环境中待完成的任务，可以对预训练得到的优化模型结构和有效参数进行微调。由于大部分的参数和模型经训练已经高度契合，不需要大规模调整，仅需要少量微调，模型的收敛速度仍然很快。

本章主要采用基于模型的迁移方法，把之前已训练好的网络模型及参数迁移过来，进行特征提取和特征融合学习，完成构造深层局部字典的任务。DLD_WJKCR算法的目的在于验证深度网络特征与分类器融合策略的效果，因此在深度网络结构和损失函数等方面未做过多的研究。

7.3 深层局部字典的建立

深层局部字典的优化分析是基于深度学习框架的特征提取过程，算法的关键在于模型的训练和迁移。因为训练模型过于复杂和费时，所以采用迁移学习的方法对已有训练模型进行参数优化和改进并应用到本章所提出的 DLD_WJKCR 算法模型中来。

在连续的视频图像中，可以在时间轴上追踪到某人脸不同角度、不同姿态及不同表情的很多连续图像，当图像到达合适的角度和比例时，存储这些图像集并对其进行识别分类。一般情况下，符合要求的人脸图像都会在一幅图片的中间及邻近的位置，也就是在图片的中间位置附近，人脸的关键信息最多，可挖掘的价值最大。因此，采用二维正态概率密度函数，随机抽取一系列图片中心附近的图像块，投入卷积神经网络，如图 7-4 所示。概率密度函数如下：

$$V(\boldsymbol{p}|\boldsymbol{\mu},\eta)=(2\pi)^{-\frac{k}{2}}|\eta|^{-\frac{1}{2}}\exp\left(-\frac{1}{2}(\boldsymbol{p}-\boldsymbol{\mu})^{\mathrm{T}}\eta^{-1}(\boldsymbol{p}-\boldsymbol{\mu})\right) \tag{7-1}$$

其中，$\boldsymbol{\mu}=[M/2,N/2]$ 是人脸图像的中心，$\boldsymbol{p}=[x,y]^{\mathrm{T}}$ 是图像中的任意一点，η 为可调参数。利用这个概率密度函数，随机快速抽取图片中心附近的大量图像块，有很大概率涵盖人脸可辨别的关键位置，这样很多属于背景的像素都被过滤掉了，避免了无关像素块的干扰和冗余，使得人脸特征更为突出，在一定程度上提升了特征抽取性能。

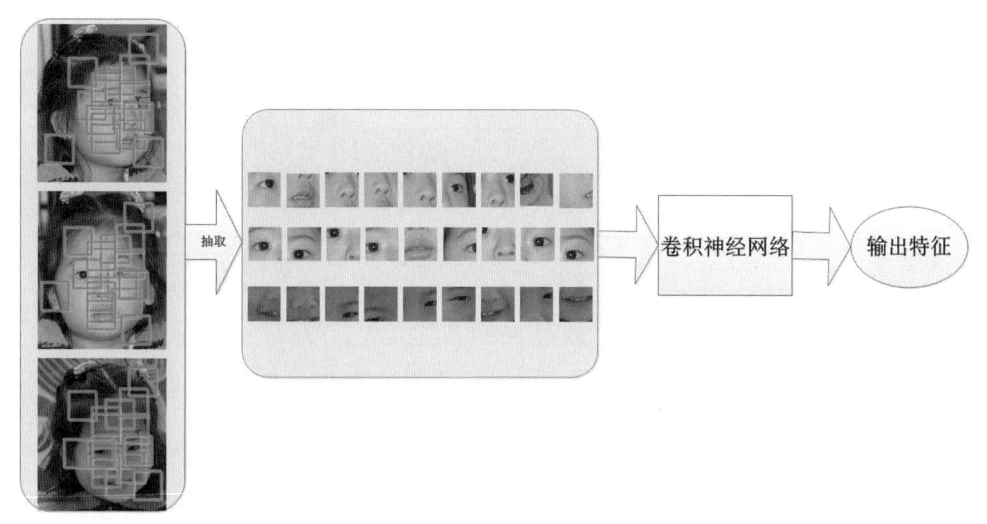

图 7-4　随机抽取图像块和深层特征提取

训练样本按概率抽取图像块，利用卷积神经网络提取特征去计算图像块深层特征，再将这些深层特征进行相关性和筛选性处理，得到识别所需要的类内变化不敏感的人脸局部特征字典原子，构造深层局部字典，这种字典比普通稀疏学习得到的字典编码能力更强。测试样本也进行类似的抽取和计算处理，以适应训练集的变化。迁移的卷积神经网络结构如图 7-5 所示，具体描述如表 7-1 所示。

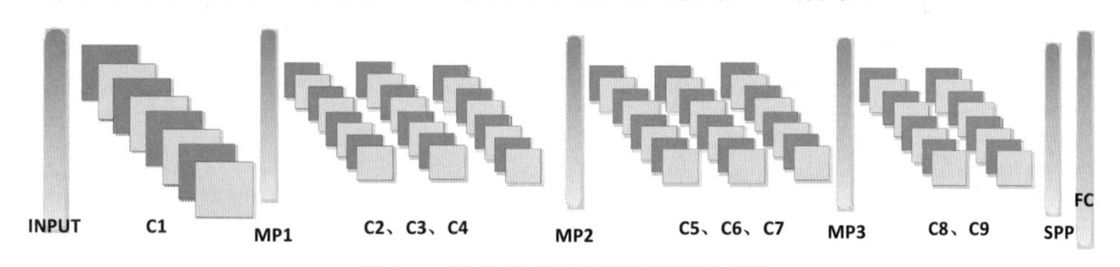

图 7-5　迁移的卷积神经网络结构图

表 7-1　迁移的卷积神经网络的具体描述

网络层	描述	参数描述
INPUT	输入层	32×32 人脸图像
C1	卷积层	16 个 16×16 卷积核
MP1	池化层	5×5 大小的范围
C2、C3、C4	卷积层	64 个 2×2 卷积核

(续表)

网络层	描述	参数描述
MP2	池化层	2×2 大小的范围
C5、C6、C7	卷积层	128 个 2×2 卷积核
MP3	池化层	2×2 大小的范围
C8、C9	卷积层	256 个 2×2 卷积核
SPP	池化层	空间金字塔池化，输出大小 6、3、2、1
FC	全连接层	256 维特征

7.4 联合加权核协同表示

前面已经介绍了两种扩展核协同算法：联合核协同算法和核协同流形正则化算法，这两种算法可以联合本章提出的深层局部字典进行表示和分类。本节再介绍一种联合加权核协同表示，这种分类器可以进一步优化核功能，提升协同表示和核协同表示的分类性能。具体做法是采用高斯径向基函数(Radial Basis Function，RBF)作为基核，通过改变其参数 γ 和联合加权值构造多重尺度复合核函数。式(7-2)为基核表达式：

$$\kappa_G(\boldsymbol{x},\boldsymbol{y})=\exp(-\gamma\|\boldsymbol{x}-\boldsymbol{y}\|^2) \tag{7-2}$$

其中，γ 用于定义函数的径向作用范围的参数，$\boldsymbol{x}$ 和 $\boldsymbol{y}$ 是任意两个样本。

联合加权模式定义如下：

$$\kappa(\boldsymbol{x},\boldsymbol{y})=\sum_{i=1}^{K}\omega_i\kappa_G(\boldsymbol{x},\boldsymbol{y}),\ 0\leqslant\omega_i\leqslant 1 \tag{7-3}$$

其中，ω_i 为联合核的加权参数，它可以按平均分配或随机分配的方法在实际实验中进行调节；K 按基核变换的个数进行取值，本章取 K=12，即 γ 的取值范围为 0.1～1.2，步长为 0.1，依次递增。这种联合加权模式也可以扩展组稀疏表示方法，组稀疏表示采用 $\ell_{2,1}$ 规范回归模型，但涉及 ℓ_1 范数分量仍然比较耗时，本章不做过多讨论，读者可以自行验证。核协同表示和组稀疏的模型与解法参考本书第 2 章，这里不再详述。

7.5　部分实验结果

7.5.1　CMU-PIE 人脸数据库上的人脸识别实验

CMU-PIE 人脸数据库包含 68 个人在 13 种不同姿势、43 种不同光照和 4 种表情条件下采集的 41 368 幅正面人脸图片。为了获取全局最好的结果，参数 σ 在本实验中设定为10^{-5}，其他算法参数保持可以取得最好结果的数值，不再一一累述。本实验列出的实验结果为随机取样 10 次结果的平均识别率，各实验互相独立。

随机选择每人 m_1 个样本(包含标签)作为样本训练集合(m_1 =1,2,5,8,10,15)，剩余的样本组成相关的测试集。表 7-2 列出了各对比算法在不同训练样本情况下的识别率，可以看出，WJKCR 算法在不同训练样本下都取得了较好的结果。例如在 m_1 =1 时，为单样本识别场景，WJKCR 算法的识别率分别比 SRC、CRC_RLS、RRC_L_2、KCRC(Gaussian)算法高 18.42%、15.51%、14.19%和 2.02%，证明联合加权方式是有效的。而深层局部字典配合联合加权核协同表示后，DLD_WJKCR 算法的识别率分别比 SRC、CRC_RLS、RRC_L_2、KCRC(Gaussian)和 WJKCR 高 27.66%、21.15%、22.69%、14.65%和 11.14%，其他训练样本的分类情况类似，且各算法的识别率随样本个数的增加而呈现上升趋势，证明了深层局部字典配合联合加权核协同表示方法的有效性。

表 7-2　CMU-PIE 人脸数据库上各算法在不同训练样本下的识别率

对比算法	m_1=1	m_1=2	m_1=5	m_1=8	m_1=10	m_1=15
SRC	0.2561	0.3946	0.5427	0.5986	0.6638	0.6921
CRC_RLS	0.3212	0.4124	0.5213	0.5876	0.6514	0.7212
RRC_L_2	0.3058	0.3474	0.4359	0.5725	0.6843	0.7344

(续表)

对比算法	m_1=1	m_1=2	m_1=5	m_1=8	m_1=10	m_1=15
KCRC(Gaussian)	0.3862	0.4558	0.5903	0.6961	0.7855	0.8561
WJKCR	0.4213	0.5022	0.6315	0.7134	0.8346	0.8763
DLD_WJKCR	**0.5327**	**0.6857**	**0.7086**	**0.8136**	**0.9028**	**0.9137**

再观察 m_1=15 时，WJKCR 算法的识别率分别比 SRC、CRC_RLS、RRC_L_2和 KCRC(Gaussian)算法高 18.42%、15.51%、14.19%和 2.02%，证明了联合加权方式是有效的。而 DLD_WJKCR 算法的识别率分别比 SRC、CRC_RLS、RRC_L_2 和 KCRC(Gaussian)算法高 22.16%、19.25%、17.93%和 5.76%，比未采用 DLD 字典的 WJKCR 算法高 3.74%，其他测试样本情况类似，并且随着训练样本数目的增加，各算法识别率均保持上升的趋势，可以说明本章提出的 DLD_WJKCR 算法显著提高了算法的特征提取和分类识别性能。

7.5.2 CMU-PIE 人脸数据库上的加噪遮挡人脸识别实验

本实验是在 CMU-PIE 人脸数据库的测试样本上加灰度块噪声遮挡完成，为了获取全局最好的结果，参数 σ 在本实验中设定为10^{-5}。本实验列出的实验结果为随机取样 10 次的平均识别率，各实验互相独立。

随机选择每人 m_1 个样本(包含标签)作为样本训练集合(m_1=1,2,5,8,10,15)，剩余的样本组成相关的测试集，测试样本在随机位置加 20%面积灰度块。表 7-3 列出了加噪遮挡测试各算法不同训练样本下的识别率，可以看出，加噪之后，本章提出的 WJKCR 算法在不同训练样本下仍然取得了较好的结果。在 m_1=15 时，WJKCR 算法的识别率分别比 SRC、CRC_RLS、RRC_L_2 和 KCRC(Gaussian)算法高 16.67%、14.10%、12.89%和 1.85%，这证明了本章提出的联合加权方式的可行性。DLD_WJKCR 算法的识别率分别比 SRC、CRC_RLS、RRC_L_2和 KCRC(Gaussian)算法高 26.78%、24.21%、23.00%和 11.96%，比未采用 DLD 字典的 WJKCR 算法高 10.11%，其他测试样本情况类似，随着训练样本数目的增加，各算法识别率均保持上升的趋势，这些数据证明本章提出的深层字典学习算法和联合加权核协同算法提高了算法在噪声图像识别中的特征提取和分类性能。

表 7-3　CMU-PIE 人脸数据库上加噪遮挡测试各算法在不同训练样本下的识别率

对比算法	m_1=1	m_1=2	m_1=5	m_1=8	m_1=10	m_1=15
SRC	0.1214	0.2036	0.3745	0.3986	0.5413	0.5974
CRC_RLS	0.2131	0.3241	0.4145	0.4852	0.5574	0.6231
RRC_L_2	0.2413	0.2568	0.3472	0.4751	0.5784	0.6352
KCRC(Gaussian)	0.2933	0.3647	0.4156	0.5867	0.6932	0.7456
WJKCR	0.3312	0.4033	0.5218	0.6142	0.7242	0.7641
DLD_WJKCR	**0.3544**	**0.4213**	**0.5816**	**0.6584**	**0.8013**	**0.8652**

7.5.3　LFW 人脸数据库上的无遮挡人脸识别实验

LFW 人脸数据库包含 13 000 幅图片，包含不规则的动作、表情、光照和背景等，且变化幅度比较大，这些图片均是从互联网上收集的，该数据库经常被用于图像分类测试的竞赛中，是典型的非约束图像集。随机选取 130 人每人 12 幅图片的子集进行测试，图片的尺寸被裁剪为 40×40，在实验过程中像素均下采样至 20×20，以节约时间并取得较好的实验精度。每人随机选择 1、2、4、6、8、10 幅带有自身标签的样本作为训练样本，其余样本组成测试集。本实验列出的实验结果为随机取样 10 次的平均识别率，各实验互相独立。

LFW 人脸数据库上不同训练样本时各算法识别率对比如图 7-6 所示，可以看出，在正常无遮挡情况下，DLD_WJKCR 算法比其他对比算法性能更好。DLD_WJKCR 算法在训练样本为单样本时，识别率远高于其他算法达到 62.41%，比 SRC、CRC_RLS、RRC_L_2、KCRC(Gaussian)和 WJKCR 算法的识别率分别高 27.63%、24.99%、26.89%、21.83%和 9.09%。随着训练集规模的扩大，各算法识别率都有所上升，当训练样本为 10 个时，DLD_WJKCR 算法达到了 92.37%的最高识别率，比 WJKCR 算法高 4.74%，比训练样本为 8 个时的 DLD_WJKCR 算法和 WJKCR 算法分别高 2.09%和 8.91%。这充分证明了 DLD_WJKCR 算法在样本资源丰富时，可以显著提升模型的特征提取能力，应用联合加权核协同分类算法也可以提升字典的利用率和模型的分类性能。

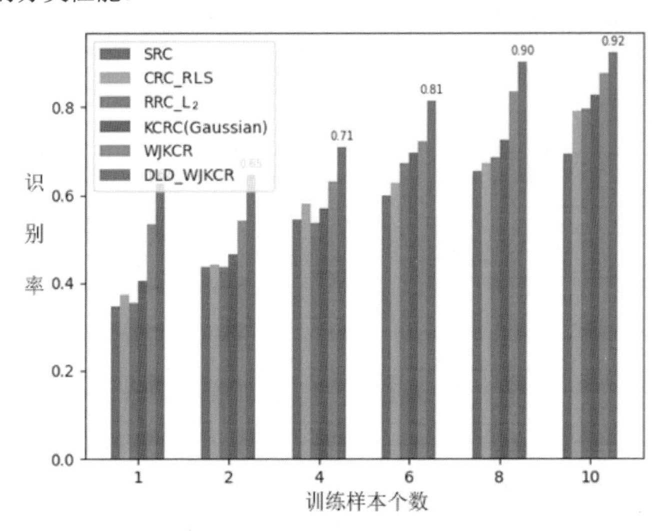

图 7-6　LFW 人脸数据库上不同训练样本时各算法识别率对比

7.5.4　LFW 人脸数据库上的同源遮挡人脸识别实验

本实验中随机选取 LFW 人脸数据库上 130 人每人 10 幅图像的子集进行测试，图片的尺寸被裁剪为 40×40，在实验过程中图像像素下采样至 20×20，每人随机选择 5 幅带有自身标签的样本作为训练样本，其余样本组成测试集。将 0～50%不同比例的狒狒遮挡块随机附加在测试样本上，作为人脸图像的同源遮挡部分。本实验结果为随机取样 10 次的平均识别率，各实验互相独立。

LFW 人脸数据库上不同遮挡比例时各算法识别率对比如图 7-7 所示，可以看出，在不同同源遮挡比例的情况下，DLD_WJKCR 算法仍然保持了较好的分类性能。DLD_WJKCR 算法在训练样本为 5 个且无遮挡情况下(0 遮挡比例)，识别率远高于其他算法，达到 80.63%，比 SRC、CRC_RLS、RRC_L_2、KCRC(Gaussian)和 WJKCR 分别高 20.5%、21.6%、17.11%、14.75%和 8.02%。随着遮挡比例的增大，各算法的识别率都受到影响有所降低，在遮挡比例为 30%时，DLD_WJKCR 算法识别率降低到 60.84%，但仍比未采用 DLD 字典的 WJKCR 算法高 9.42%，比同为核映射的

KCRC(Gaussian)算法高 16.17%；当遮挡比例达到最大的 50%时，DLD_WJKCR 算法识别率下降至 50.52%，但仍比 SRC、CRC_RLS、RRC_L$_2$、KCRC(Gaussian)和 WJKCR 分别高 16.78%、18.21%、17%、15.96%和 5.11%。DLD_WJKCR 算法在遮挡场景下仍然能保持比较好的识别性能，模型的鲁棒性更强。DLD 字典学习的方法提高了模型的特征提取能力，构造出利于分类的深层字典，配合联合加权核协同分类器，可以显著提升模型的分类性能和抗干扰能力。

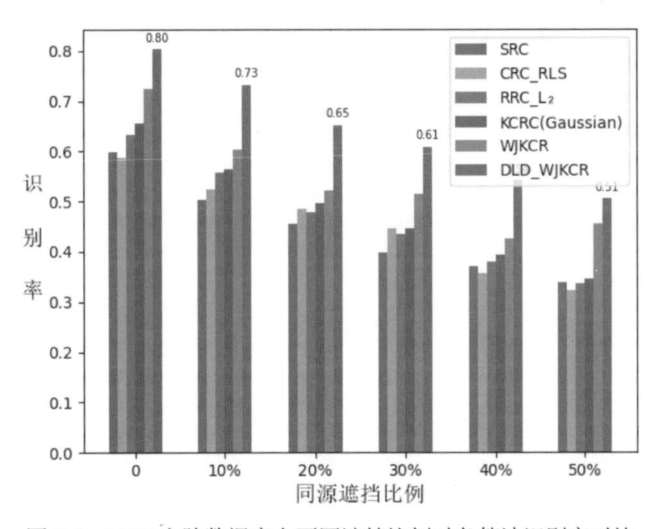

图 7-7 LFW 人脸数据库上不同遮挡比例时各算法识别率对比

7.6 本章小结

本章主要结合深度学习和稀疏表示的策略，深入挖掘样本的深层抽象特征，构造深层局部字典，配合联合加权核协同表示算法，对人脸特征进行表达和分类。首先，DLD_WJKCR 算法不同于以往的局部特征块提取，算法利用概率密度的方法，随机提取图像中心概率范围内的相关局部图像块进行特征抽取，有利于去除背景和无关像素的干扰，使得人脸特征更为突出。其次，利用迁移的深度卷积级联网络对已提取局部图像块进行深层特征抽取和计算，筛选出符合子空间特征的类内变化不敏感的局部特征构成深层局部字典，进一步增强字典的编码可控能力和鲁棒能力。

最后，构造新的加强核方法联合加权核协同表示的方法进行核子空间的人脸图像分类，把深度学习的特征抽取优势和稀疏表示的强分类能力结合在一起，提高算法的分类性能。通过各人脸数据库上不同类型实验的结果，验证了 DLD_WJKCR 算法的有效性。

第 8 章 提升用户信息网络安全性的方法

本章主要内容

- 以人脸识别为主体的信息安全系统
- 用户信息的保护方法
- 大数据场景下提升用户信息安全性的建议

8.1 以人脸识别为主体的信息安全系统

在人工智能、大数据技术、物联网技术和通信技术高速发展的今天，人脸识别作为典型的生物特征身份认证技术，逐渐成为计算机网络中保证系统和数据安全的有效手段。特别是新冠肺炎疫情防控期间，人脸识别和大数据技术发挥了举足轻重的作用，为联防联控和复工复产提供了强有力的技术支持。人脸识别门禁系统、人脸识别+红外测温系统、刷脸支付、无感通行考勤系统等在各单位、企业、商场、机场、银行、学校、工业园区等人群密集场所发挥了极其重要的作用。而公共场所的联网监控设备每天都产生包含非约束人脸信息的海量数据，一方面给人脸识别技术提供了丰富的数据资源，另一方面也给信息安全带来更大的技术挑战。《2020 年人脸识别行业研究报告》指出，人脸暴露程度比较高，比其他生物特征数据更容易实现无察觉地被动采集和利用，给身份认证和社会服务带来了便利。但同时也意味着人脸信息的数据更容易被窃取和冒用，可能侵犯个人隐私，还有可能导致财产损失，干扰人们的正常生活。大规模的人脸数据库信息泄露还会给众多用户和社会带来极大的安全隐患。众所周知，人脸识别技术已经成为公共安全体系中的重要力量，是构建和谐安定社会的可靠保障，因此，以人脸识别为主体的公共信息安全系统及相关的安全风险防范体系的构建任务亟待完成。

从人脸识别算法理论角度来看，虽然很多研究和算法都已全面开展，但实际应用中的光照、遮挡、姿态、表情、年龄及样本欠缺等问题仍是困扰研究者的主要问题。如何克服这些非约束性问题，进而提高人脸识别算法的鲁棒性和可靠性，成为越来越多研究者热衷的研究目标。传统的人脸识别算法模型涵盖了稀疏表示、协同表示、字典学习、深度学习等经典理论，被后来的研究者不断地发展和创新，使得人脸识别技术成为人工智能理论中重要的应用技术。本书的第 3 章至第 7 章就提出了很多提升人脸识别性能的可行算法理论，着重探讨了一些常见的非约束性人脸识别难点问题，包括遮挡、光照、小样本、代价敏感等人脸识别问题的解决方法，还改善了几种传统分类器的分类性能，提出了有助提升精度或安全性的实用分类方案，希望对人脸识别算法理论有所贡献。

从人脸识别技术角度来看，人脸识别基于空间距离相似性的计算，并非精确的类似文本数据的匹配。再者，人脸识别算法的研究方法不同、采集环境不同、参数调整不同、阈值设定也不同，判断的标准和衡量尺度必然也不尽相同。例如本书第 3 章和第 5 章对于人脸识别的误识率和拒识率的看法是不同的，采用的技术手段和评判标准也不同。第 3 章从克服遮挡角度入手，希望擦除遮挡干扰，还原真实人脸，提升识别性能，降低误识率，适用于解决疫情期间口罩遮挡的人脸识别问题。但第 5 章从认证安全角度出发，认为人脸识别是代价敏感问题，识别过程应遵循最小错误代价识别的原则，拒绝未进行特定表情动作认证的合法用户的操作，是降低冒用和伪装人脸代价风险的安全方法，对非法用户和未认证特定表情动作的合法用户拒识率较高，体现了算法基于代价敏感的安全性。

从人脸识别样本类型角度来看，采集的人脸图片是静态的，容易受到来自网络的假脸伪造、面具、视频等欺诈攻击。若是转变为进行动态的活体检测，可以有效降低静态用户图片的冒用和伪造风险，确认对象真实活体本人在线。但活体检测会消耗云端大量计算资源和传输资源，对实时性要求很高，安全性却不高，需要用户配合使用，只能作为人脸识别的安全辅助技术，难以独立识别。许多人脸认证的应用中已经去除了一些活体动作检测模式，只保留了眨眼、转头等相对识别率较高的活体检测方式。目前，人脸识别+活体检测技术被认为是可靠的人脸识别技术的升级模式，在智能设备和金融领域应用较多。

从人脸识别的环境角度来看，当前信息技术构架不断迭代更新，移动互联网突破地域限制应用于各行各业，云计算和大数据更是把数据信息价值最大化，推动信息社会的高速发展。同时，网络安全技术也进入了变革时期，其保障服务的对象也从系统、应用和数据扩展到更多的产业链中，安全保护的方式也由局部静态保护全面转为整体动态保护。在公共安全防护系统中，人脸识别技术利用强大的机器学习算法，能够捕捉实时采集的图像或视频中特定人的面部信息，快速提取其关键特征进行识别分析，简化身份认证过程，增强安全防护系统的安全性能，节约大量人力物力成本，在保护隐私的前提下可支持云端信息共享。人脸识别系统在机场、车站、银行、商超等人流量大、环境复杂的公共场合应用广泛且深入，为信息化公共安全体系构建发挥了极其重要的作用。

以人脸识别为主体的信息安全系统，可以从设备安全、传输安全、存储安全和安全预测等方面来保障数据信息安全，高效完成安全认证和权限管理任务，如图 8-1 所示。

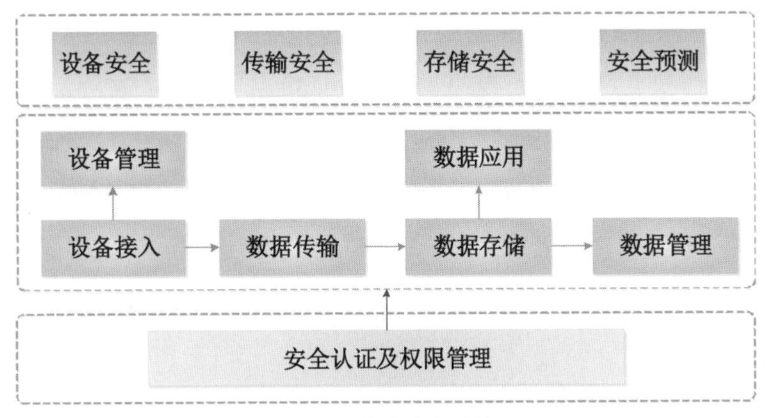

图 8-1　信息安全系统

1. 设备安全

目的：保护联网设备的物理安全，准确定位设备，维护设备安全，在登入时进行严格的安全认证(人脸认证或口令等混合认证)，确认信息访问者的权限。

用户终端和连接设备的信息安全关乎社会的各个领域。传统的设备制造商在安全能力、设计时间和设计成本上投入不足，导致现有的互联网设备在终端设计中侧重于功能实现和批量生产，却忽略了安全问题。随着用户数量增多，通信设备的规模持续扩大，管理和维护网络的难度也与日俱增，设备安全管理成为网络管理部门的艰巨任务。

方式：身份认证、位置安全、访问控制、路由备份、设备维护等。

2. 传输安全

目的：保护信息传输通道的安全，建立安全模型，实现信息的完整性和机密性，保证网络接口安全和网络传输安全。

信息的完整性和机密性需要密码学与数字签名技术的支持，确保数据来源可靠和数据完整。接口安全体现在接口模块透明和安全协议上。传输安全体现在安全管理、访问控制、流量控制、路由控制和预警控制等方面。

方式：身份认证、密钥密码、数字签名、信息隐藏、杀毒软件、限定访问等。

3. 存储安全

目的：保护本地和云端信息安全，控制信息的访问权限，根据业务和安全需求进行身份认证、加密保护与访问控制，提升网络安全存储和传输能力。

传统的数据信息存储方式，数据存储有限、带宽消耗大、管理分散、更新耗时，不利于数据跨平台整合和持续共享。新兴的云存储技术解决了信息存储、管理、共享和处理的问题，使用户可以实时、平等地访问共享资源，提升了存储容量和性能，节约了存储和访问成本，但随之而来的存储安全问题也面临巨大的挑战。

方式：数据备份、数据扫描、分散存储、身份认证、访问控制等。

4. 安全预测

目的：收集网络安全数据，利用人工智能技术进行数据整合和数据分析，持续优化模型，预测网络边缘和核心区域的安全威胁，实现网络、应用、数据全面监测，及时发现网络的安全漏洞和不足。

利用机器学习模型的预测，对网络安全循环进行监测，动态更新数据，持续优化模型，反馈预测结果，发现风险隐患，定位系统漏洞，为网络安全的及时响应和网络安全能力的提升提供技术支持，但与此同时，网络攻击者也会利用机器学习的自动处理模式污染训练数据或自动训练攻击模型，破坏合法数据和系统。

方式：数据分析、持续优化、监测预警等。

8.2　用户信息网络安全的保护方法

目前，互联网和人工智能技术大规模普及，计算机和通信网络的应用已经扩展到了各个领域，全社会信息化、网络化和数字化的趋势不可逆转。大数据技术无差别地持续收集人们的各种信息，转换成电子数据，通过网络传输给数据存储平台，这些电子数据包括人脸信息、定位信息、轨迹信息等，经过大数据分析和整合，就可以精准、全面地描绘人们的状况，例如身份、职业、偏好和行为。但网络的开放性和共享性让网络环境充满了多样性和不确定性，各种网络攻击和网络窃取等不安全因素成为信息保护的主要障碍，网络安全问题成为全世界共同关注的问题之一。身份认证技术是现代网络信息安全系统中必不可少的一环，是网络信息保护的重要手段和方法，一旦身份认证系统失效，那么信息安全系统内部的所有安全保护措施将形同虚设。

目前，常用的身份认证方法有基于证书的数字签名认证、基于登录密码和口令的认证、基于生物特征识别的认证等。数字签名认证可以有效保护信息的机密性和完整性，但需要完整的证书系统作为基础，安全级别比较高，登录密码和口令认证应用较简洁和方便。很多领域已由传统的静态口令认证转变为动态口令身份认证，即在口令中加入可控动态干扰因子，显著提高了登录设备时的安全性。生物特征识别认证应用比较广泛，包括指纹、掌纹、人脸、虹膜、静脉、声纹、舌象、步态等多种生物特征的认证，识别过程涉及图像处理、图像分类、计算机视觉、语音识别、3D 建模等多项人工智能技术。

人脸识别技术作为便捷和可靠的生物特征身份认证技术，在公共安全、金融、安防、交通、教育等领域得到了广泛应用。特别是新冠肺炎疫情防控期间，通过人脸识别测量温度、认证安全码、记录活动轨迹，成为人们安全出行的日常场景。但人脸识别从开始推广到现在，在隐私、安全、公平等方面引发了很多社会争议，2020年发布的《人脸识别应用公众调研报告》显示，超六成的受访者认为人脸识别技术有滥用和强制使用的问题，有三成受访者已因为脸信息泄露、滥用而遭受财产损失。目前，人脸识别的场景非常多，包括支付转账、开户销户、实名登记、解锁解密、游戏娱乐、政府办事、交通安检、门禁考勤、校园/在线教育和公共安全监控等，有些小区门禁、商场入口也需要进行人脸识别才能进入。这种强制身份认证的确有助于公共安全和网络安全，但在道德和服务体验方面令用户感到难以接受。公共安全、金融支付等场景是法律法规已有明确要求的“强认证”场景，使用人脸识别和活体检测完成本人真实身份认证有其必要性和合理性，但是如门禁考勤等，不涉及社会公共利益，也没有明确法规的场景，不宜使用人脸识别作为唯一验证方式，应该确保授权同意后再采集人脸信息，并严格管理避免人脸信息被泄露。有些商场会利用人脸识别技术收集顾客的购物行为、购物频率、购买品牌、购买手段，预测顾客的购买趋势，还有一些软件会基于人脸图像分析进行换脸、美妆、性格判断、年龄估计、健康状态预测等。这些人脸识别技术引发的争议是人们个人信息保护意识觉醒的标志，在推广人脸识别技术的应用时，也要考虑用户信息安全和用户服务体验等方面的问题。

本书介绍了几种非限制场景下人脸识别技术的应用，作为网络环境下身份认证的安全方法，提高网络用户信息的安全性。基于字典学习和稀疏识别的研究，提出了联合多重字典学习，包括浅层全局字典学习和深层局部字典学习，来提高人脸识别性能，具体方法如下。

(1) 建立两种基于代价敏感的全局性浅层字典：①辨识字典，是来源于训练集的通用字典，用于第一重粗略识别人脸；②确认字典，是来自限定表情动作模块的限制字典，用于第二重精细确认人脸。同时，为了提高人脸认证模型的效率和改善各种情况下敏感惩罚值的关系，对构造的二重字典进行近邻空间自适应加权，并通过稀疏表示算法解决代价敏感的人脸分类认证问题。

(2) 基于提取全局特征的浅层修正遮挡字典，提出了人脸遮挡探测和人脸迭代恢复的算法：①可变人脸遮挡精确探测算法，利用稀疏分解得到通用遮挡字典，再通过图像矩阵奇异值分解和交集聚类的方法进行修正，得到修正后的遮挡字典，并构造精确的遮挡部位地图，实现样本遮挡区域的数据分离；②人脸稀疏迭代恢复算法，利用人脸精确遮挡地图进行指导，稀疏迭代地恢复人脸遮挡部位，通过图像组合形成完整的无遮挡人脸图像，进行分类识别，有效提高了算法解决人脸遮挡光照问题的性能。

(3) 提出了基于全局样本组的错位原子字典学习算法，并采用联合优化核协同表示进行分类。具体模型方案：①提取原训练图及其仿射变化的虚拟图集特征，按最优排列组合规则进行错位组合，形成样本组错位原子字典，实现扩大字典容量和增强字典鲁棒性的目的；②采用加权优化核函数的方法，得到联合核协同表示的分类算法，进行稀疏分类，既可以获得图像更多非线性结构并减小时间消耗，也可以在训练样本不足的小样本情况下，取得很好的稀疏编码和分类识别效果。

(4) 融合人脸图像的几何流形结构和核空间的稀疏编码技术，提出了核协同流形正则化分类方法。算法包括：①利用最优化近邻基扩展通用核协同算法，即在原核协同编码方程中加入一个自适应近邻基作为独立约束条件，这个近邻基可以衡量不同样本对待测样本归类的贡献值；②提取图像的 LBP 特征，在高维非线性映射下进行稀疏编码，一方面减小了算法对图像遮挡、光照、污染和噪声的敏感性，另一方面可以降低特征量化的误差，有效提高不同遮挡和噪声情况下的人脸识别性能。该模型还可以配合各类扩展字典进行编码，提高稀疏编码性能。

(5) 为了更深入地挖掘样本抽象特征，利用深度学习的优秀特征抽取功能，构造深层局部组合字典，再应用加权联合核协同方法进行特征分类。首先利用迁移学习和深度卷积级联网络对已提取局部图像块进行多层次特征抽取和计算，再将这些深层特征进行相关性筛选处理，选取识别过程中需要的类内变化不敏感的人脸局部特征组成深层局部字典，最后利用联合核协同、流形正则化核协同或联合加权核协同表示分类器进行视频人脸图像分类。

以上方法针对非约束条件下的人脸识别问题进行了深入的研究，提出了适用于表情、动作、光照、遮挡、噪声、年龄跨度、样本不足等条件的人脸识别方法。目前，人脸识别、指纹识别、静脉识别、虹膜识别、签名识别等生物特征识别技术发展迅猛，很多理论和实践方法都亟待进一步的扩展和融合，以期能更精准、更快捷地进行身份识别。这些算法在某些非约束条件下，例如围巾、口罩、光照、遮挡、伪装等情况，取得了令人满意的结果，但实际应用中还有许多非可控问题需要考虑和解决，这也是本书后续的研究和工作的方向。

(1) 小样本条件下的人脸识别问题仍然是研究的一个难点。如何在样本特征信息匮乏的条件下增加对样本特征细节的理解，如何利用深度学习和迁移学习的思想合理解决此类问题，有待更深入的研究和摸索。

(2) 在捕捉人脸图像时，多角度融合下非可控的人脸识别也是本研究方向的主要问题。如何利用多源观测样本的局部空间分布投影特征，建立深层字典学习的稀疏表示模型，并优化深层稀疏模型，也是值得研究的问题之一。

(3) 实现深层稀疏模型的关键在于分层卷积抽取的特征能否更深入地表现样本。如何优化深度卷积神经网络，压缩网络模型并加速算法，在人脸识别及其他图像识别中取得更满意的结果，是未来工作的重点内容。

8.3 大数据环境下提升用户信息安全性的建议

近年来，随着数据挖掘和数据分析技术需求的猛增，大数据场景下用户信息安全问题被广泛关注。大数据是指企业和各部门通过合法手段收集数据信息，通过机器学习算法进行数据分析和整合，以满足不同领域、不同行业、不同人群的需求，使数据价值最大化并普及应用的方式。大数据及相关产业的发展提高了各行各业对数据资源的重视程度，为信息时代网络信息技术带来了新的机遇和挑战，但信息的安全问题却制约了网络信息技术和大数据业务的发展与应用。以外卖 App 为例，在给用户提供便利的同时，后台会收集人员位置、销量，甚至金融结算的数据，利用算法模型推导出一些有价值的数据，这些数据可能被用于管理或营销，但也可能被用于推测职业、年龄、人际关系等涉及隐私的行为。例如，智能网联汽车内部安装了多个摄像头，可以实时监控车主行为，并且可以查看其他车主的实时行车记录，为车主提供路况、行驶状态等信息。智能系统在为用户提供便利的同时，也将数据传输到平台后台，这些数据的处理并不透明，会埋下数据非法利用的安全隐患。

一些大数据企业为了追求经济效益，可能会持续扩充数据挖掘规模和数据价值化途径，而忽略自身社会责任和用户信息的安全性，导致数据库中的大量用户信息存在泄露的风险。2011 年，某知名程序员网站的用户数据库中，高达 600 多万个用户的注册账号和密码被黑客泄露。2019 年，某主营 AI 安防公司的数据库发生大规模泄露事件，导致 256 万用户的个人信息可以不受限制地访问。2020 年，美国人脸识别公司 Clearview AI 客户名单被整体泄露，其数据库中有超过 30 亿幅人脸图像。国外调研机构 Gen Market Insights 发布的数据显示，全球人脸识别设备的市场规模从 2018 年至 2025 年将以 26.8%的速度增长，到 2025 年底将达到 71.7 亿美元。中国是人脸识别设备最大的消费区域，2023 年占全球比例将达到 44.59%。这些数据表明，人工智能技术应用的快速发展正逐步影响国家治理、城市发展、企业生产、商业变革及个人生活，给人们的工作和生活带来便捷和安全体验的同时，用户信息泄露、非法利用的风险日益凸显，大数据背景下用户网络信息的安全保护刻不容缓。

为防范个人信息等隐私数据被泄露，保障公共安全和国家利益，必须加强大数据环境下用户信息网络安全风险的防范，个人身份信息数据的全方位防护尤为重要，促进网络技术的持续、高速发展。2021 年，国内某打车软件旗下 25 款 App 存在严重违法违规收集、使用个人信息问题，被国家网信办下架。自此，国家工信部持续加大对各种 App 侵害用户权益问题的整治力度，对非服务场景收集用户信息、高频次索取权限、误导用户下载等违规行为进行依法依规处置。《中华人民共和国数据安全法》于 2021 年 9 月施行，《中华人民共和国个人信息保护法》于同年 11 月开始施行，明确了收集个人信息应当限于实现处理目的的最小范围；处理个人信息应当与处理目的直接相关，采取对个人权益影响最小的方式。即使用户授权 App，“始终允许” App 收集信息，也不允许 App 始终记录位置或访问相册等，因为这实际上违背了法规中的用户自愿原则和最小化原则。便利用户与侵犯隐私之间是有界限的，应当尊重消费者的知情权与选择权。

虽然监管部门已经采取了各种法律法规进行约束，提升了监管的技术水平，也明确了应用商店和第三方平台的主体协助监督责任，但是众所周知，人们的作息时间、活动轨迹、搜索记录、消费喜好、收货地址等都在不知不觉中被很多摄像头、定位仪等观察、记录、分析，人们的各种信息被记录、追踪、拆分，甚至交易和共享，科技或许是中立的，但资本逐利，用道德约束它们太过脆弱。特别是生物特征识别信息不同于密码等数字信息，它属于不易修改的唯一性敏感信息，一旦泄露，无法追回改变。而且人脸识别的风险较其他生物特征风险更为突出，非常容易被摄像头捕捉，主体可被迅速识别、锁定，或者主体已被提取了人脸数据而没有察觉。一旦用户的生物信息被违法分子获取，就可能被用于登录银行账户、转移账户资产、进入居住小区或公司，造成不可挽回的人身或财产损失。因此，网络信息安全不但需要监管部门和各大数据平台从立法与监管角度细化相关规则和条款，提高监管效率和监管成效，也需要用户提高个人信息保护意识和防护能力，形成良好的个人信息保护习惯，有效保护个人信息及财产安全。

传统网络安全技术以加密技术、访问控制技术、防火墙技术、入侵防御技术、认证技术为主。大数据环境下，要不断创新网络安全技术，提升用户信息的安全性需要监管部门、技术企业和全平台的共同努力，建议如下。

1. 明确隐私权的保护范围

大数据环境下，人们的各种信息会在不知不觉中就被采集、传输到网络上。监管部门要明确隐私权的保护范围，公民数据信息的收集、传输和处理行为均应以不侵犯公民的个人隐私权为前提；不允许在公民不知情的情况下，利用大数据平台无差别、持续地收集公民各种隐私数据；明确大数据公司的数据不得公布的情形，不能将公民的隐私信息用于商业目的，做好数据传输和处理的保密工作；要控制不同情况下信息在大数据平台上的传播程度，不允许擅自传播和利用他人的隐私信息。例如购买和贩卖他人信息、利用大数据信息谋取不当利益、未经同意非法获取他人的信息等，都应该有明确的惩处方式。大数据服务的从业人员应进行全面的网络安全培训，明确维护数据安全的法律责任，不得出现数据泄露、隐私信息买卖以及非法利用他人隐私信息牟利的行为，一旦发生信息泄露事件，其分管单位的主要负责人等也应共同承担法律责任。

2. 加快信息网络安全产业技术的升级

国家近年来大力推广新基建，加大对人工智能产业的政策支持和资金扶持力度。

人工智能产业大力支撑网络信息安全产业发展，各行各业要积极研发与应用以机器学习和网络安全为主的关键 IT 技术，提高智能制造和智能产品的生产国产化率，加大对个人数据采集、存储和传输保护技术的研发力度，加强对身份认证技术便捷性和安全性的研究，有效提升用户信息网络的防盗用能力，推动大数据和信息安全产业的健康持续发展。

3. 加强大数据的安全性

大数据的采集可以应用数据源身份认证技术、密文附加消息认证码技术、时间戳技术等，在数据源头进行风险防控。大数据的存储是以云框架为技术基础，采用虚拟分布式存储的方式，在云端进行数据存取和处理。数据存储以分散存储、分类存储和异地备份的模式为主，做好数据加密和数密分离工作，加密技术采用动态计算密钥的方式，加强密匙的存储、修改、产生等管理；密钥管理技术上，采用数据和密匙分离存储的方式，使两者互相制约，减小两者同时被泄露的风险。大数据的访问权限根据数据的敏感程度进行身份认证和安全访问权限设定，全面保障信息的安全性和可控性。定期利用深度学习算法扫描、预测、估计大数据安全框架体系的风险性，及时制定相应的安全预案，防御数据系统被攻击。设定存储数据的使用期限，挖掘可利用的数据价值，发挥大数据信息的优势，同时避免数据过度披露的风险。

4. 加强个人身份敏感信息的防护

加强全平台工作人员和用户的安全意识，承担信息安全防护的社会责任。在大数据时代，用户要小心保护好个人身份敏感信息，例如密码、证件号码、签名等数字信息，以及人脸、指纹等生物信息。一些 App、网站注册时会要求采集人脸、手机号码、证件号码、住址等私人信息，一定要谨慎处理，减少在网络中暴露个人隐私的操作，信任正规的、受监管约束的、有公信力的平台，不轻易接受邀请和安装未知软件，养成自我身份保护的习惯。公共 WiFi 等公共网络被黑客入侵和监控的风险较大，尽量不要输入登录密码、银行账户、身份数据信息等，以免造成数据泄露。避免在社交平台上发布自己和其他关联人的照片，尽量在可知数据流通渠道的范围内发布个人信息。目前，个人信息大多已经迁移到手机等设备上，但是数据处理等操作仍然需要在电脑端完成，个人信息依然会存储在后台，用户要及时下载和安装手机与电脑端软件的漏洞补丁，抵抗新型网络病毒风险，保护个人信息不被他人窃取。

大数据时代，民众的隐私意识越来越强，国家层面也在不断地出台新政策，数据安全需要先进技术的支持和严格的管理制度的约束。本章从大数据环境下影响网络信息安全的因素入手，提出了提升用户信息安全性的建议，希望由此来优化网络信息安全环境，促进信息安全技术的全面持续发展。

8.4 本章小结

本章主要介绍了构建以人脸识别为主体的信息安全系统的迫切需求、以人脸识别为主体的信息安全系统的构成、用户信息网络安全的保护方法，以及大数据环境下提升用户信息安全性的建议。以人脸识别为主体的信息安全系统在大数据、人工智能等环境下，迫切需要人脸识别技术这种非接触性、自动操作、并行识别、安全快捷的生物特征识别技术的支持。构建信息安全系统要考虑设备安全、传输安全、存储安全、安全预测等因素，完成身份权限认证的任务。身份认证技术是用户信息安全保护方法中进行网络信息保护的可靠方法，其中人脸识别技术性能的提升极大提高了用户信息的安全性。大数据环境下，提升用户信息安全性的建议包括明确隐私权的保护范围、加快信息网络安全产业技术的升级、加强大数据的安全性、加强个人身份敏感信息的防护，这些建议如果被采纳可以优化信息安全环境，促进信息安全技术的全面持续发展。

第9章 用户信息网络安全的未来

本章主要内容

- 用户信息资源的多元化趋势
- 网络信息资源及其共享与保密
- 用户信息网络安全技术的发展前景

9.1 用户信息资源的多元化趋势

随着人工智能、大数据、5G通信技术和智能设备的发展，用户信息资源呈现多元化发展趋势，数字化、信息化、动态化和网络化成为信息数据传输与数据安全发展的主流。在人们不断摸索前行时，人工智能正在日夜不息地自我迭代进化，计算机视觉、自然语言处理、生物特征识别及知识图谱等人工智能关键技术，帮助人们快速进入并适应数字深耕和算力赋能的信息时代。互联网、物联网和移动通信网，这些与计算机网络密切相关的信息网络，使人们的生产和生活方式发生了翻天覆地的变化，在开拓人类视野的同时，也改变了人们获取信息的途径和所获信息的内容。社会信息化进程一日千里，信息规模和传播速度也随之快速发展，海量的数字信息让人们无从下手，简洁、高效的个性化信息资源服务成为人们的当务之急，这极大促进了信息内容和形式多元化的发展趋势。

9.1.1 用户信息资源的多样性

1. 用户生物体征的多样性

在数字化时代，人们常常需要与智能机器互动，进行密码输入、指纹开锁、人脸识别、活体检测、数字签名等，远程与云端服务器连接，完成验证身份、沟通、交流、跨区办事等无接触事件，节省了大量时间、精力和成本，同时人与机器之间的信任关系和安全性也引起了重视。生物体征就是一种新型数字身份的代表，机器学习结合光学、声学、生物传感器和生物统计学原理编写了针对性的识别算法，基于人体独特的生物特征或行为特征进行网络身份认证，相关的认证技术是人工智能技术与信息安全技术融合的代表成果之一。人们可以在网络上以一种“相对”唯一的身份与外界沟通、交流，培养人与机器、网络的信任关系，完成获取各种信息的任务。

随着计算机视觉技术的不断发展，人工智能生物识别技术也日益成熟起来，具体包括以下内容。

(1) 指纹识别技术。指纹识别是指通过匹配一个人的指纹和预先保存的指纹细节特征点(指纹的起点、重点、结合点和分叉点等)验证真实身份。指纹识别技术涉及传感器技术、图像处理、模式识别、计算机视觉、数学形态学、小波分析等众多学科。由于每个人的指纹均不相同，即使是自己的 10 个指纹也各不相同，利用指纹的唯一性和稳定性可进行身份鉴定。同时，指纹的采集、读取方便、快捷，设备价格低廉，受到市场的欢迎(例如指纹门锁)，但指纹特征容易被破坏、冒用和仿制，严重影响了指纹识别技术的革新。近年来，指纹识别引入了基于手指皮肤颜色和脉搏、心率信号的活体检验技术，降低了被仿生导电材料做成的假手指冒用的风险。

(2) 人脸识别技术。人脸识别是基于人的脸部特征信息进行身份识别的一种生物识别技术，利用高清摄像头采集含有人脸的图像或视频流，并自动在图像中检测和跟踪人脸，对检测到的人脸进行图像处理、特征提取，在数据库中进行匹配和识别，通常也叫作人像识别、面部识别。这种识别方式属于非接触式，操作和管理方便、快捷，推广的成本也比较低。受采集环境、伪装遮挡、年龄增长等因素的影响，人脸特征信息的稳定程度会有所不同，进一步影响识别结果。人脸活体检测、防盗人脸库等技术的发展和采用大幅度增强了人脸识别的安全性。

人脸表情识别与人脸识别类似，就是利用计算机对人脸的表情信息进行特征提取并分类的过程，它们所用的机器学习算法也非常类似。人脸表情识别技术使得计算机能够根据人的表情信息，推断人的心理状态，并进行情绪预测，实现机器对微表情内容的理解。

(3) 眼球追踪技术。眼球追踪是基于心理学的应用技术，可以实时、准确地记录人们在不同场景下眼球的运动情况，进行建模和模拟，估计视线方向、注视点位置、身份验证和测谎等。获取眼球运动信息的设备有红外设备、图像采集设备、VR等，甚至一般计算机或手机上的摄像头在软件的支持下也可以实现眼球跟踪。

(4) 视网膜与虹膜识别技术。视网膜是一种非常固定的生物特征，通过激光照射眼球的背面可以获得视网膜特征，扫描到的图像是眼底血管结构分布图，可作为身份识别的唯一特征。虹膜是位于黑色瞳孔和白色巩膜之间的圆环状部分。胎儿发育形成后，虹膜在整个生命历程中将是保持不变的。虹膜识别技术一般应用于安防设备(如门禁等)，以及有高度保密需求的场所。视网膜与虹膜识别技术采集的生物特征比较稳定，不易伪造，但采集方式体验差，技术复杂，设备成本较高。

(5) 步态识别技术。步态识别是一种新兴的生物特征识别技术，旨在通过对个体的运动图像进行分析、处理以识别身份，具有非接触、远距离和难以伪装的优点。在视频分辨率较低的情况下，比面部识别更有优势，可以与人脸识别配合使用，提高安全等级。但随着年龄增长或者遇到突发情况，行走姿势可能会发生变化，影响识别结果。

(6) 多点触控技术和三维按压技术。多点触控技术又称多重触控、多点感应、多重感应，是一项由用户通过手指触控硬件设备(触摸屏或触控板)采集多点信号并识别的技术，能在没有传统输入设备(如鼠标、键盘等)的情况下进行计算机的人机交互操作。为了改善多点触控技术的性能，研究人员将传统的单点触控推广到同一时间感测多个接触点，使多点触控技术得到了更广泛的应用。

三维按压技术是多点触控技术的升级版，可以识别用户按压屏幕和触摸板的压力从而做出反应，大幅度提升了手机等智能设备的效率。三维按压技术将触摸屏上的二维平面操作扩展到三维感知垂直屏幕方向的压力，需要与触动传感器和加速感应器等配合才能快速、准确且连续地检测人们指尖的按压。

(7) 脑电波识别技术。脑波识别也称为“脑指纹”，脑电波识别技术是一种检测脑电波信号并进行基于神经网络算法的脑电波识别方法。通过设备采集的多电极脑电波可用于个人身份识别，但受限于昂贵的设备和复杂的操作等因素，影响了这项技术在个人身份识别方面的实用化。

(8) 声纹识别技术。人在讲话时使用的发声器官，如唇、齿、舌、软腭、肺、声腔等，在尺寸和形态方面的个体差异很大，所以任意两个人的声纹图谱都有差异，很少有人具有相同的声纹特征。声纹识别具有提取方便，可无接触提取，设备成本低，使用简单，识别的算法复杂度低，可通过语音识别等优点，广泛用于智能产品、金融和安全领域。为了避免用录音冒用真实人声，可通过声纹识别结合电磁场检测判断声源出处。

(9) 基因识别技术。随着人类基因组计划的开展，人们对基因的结构和功能的认识不断深化，并将基因技术应用到个人身份识别中。基因是生物信息学的一个重要分支，基因识别即使用生物学实验或计算机等手段识别 DNA 序列上具有生物学特征的片段。因为长相酷似或声音相同的人都可能存在，指纹也有可能消失，但只有基因才是代表本人遗传特性的、永不改变的唯一特征。

(10) 静脉识别技术。静脉识别是利用人体经脉血管的脉络结构特征进行身份识别的一种方式。静脉识别有两种方法：一种方法是通过静脉识别仪获取个人静脉分布图，用匹配算法从静脉分布图中提取特征值；另一种方法是通过红外摄像头获取手指、手掌、手背静脉的图像，将静脉的数字图像存储在计算机系统中，实现特征值存储。静脉比对时，新采集的静脉分布图经过图像处理提取主成分特征，利用机器学习算法与数据库中的静脉特征值匹配，完成身份认证的任务。静脉识别属于非接触式扫描，不易破坏和伪造，抗干扰能力强，属于活体识别，但设备制造成本高，推广困难。

2. 传输途径的多样性

传统信息传播是通过人际传播、大众传播、印刷传播、影像传播等途径，利用报纸、杂志、电视、广播、户外广告、POP、交通工具等载体进行信息传播，各载体传播的信息相互独立，互不联系，主要是被动迎合用户兴趣。而用户信息是以多媒体、网络化、数字化技术为核心在全球互联网络传播，以各种传播形态和传播方式并存，体现了信息的交互性和动态性，例如电子邮件、电子论坛、多人游戏、网页浏览、在线直播、远程通信等双向异步的信息传播。用户可以通过搜索引擎、个性化推荐、网络论坛、群组讨论等途径主动选择感兴趣的界面和话题。网络信息以数字形式存储在本地或远程的光、磁等存储介质上，通过互联网、物联网、通信网和计算机网络高速传播，利用计算机或智能设备阅读使用。网络传播以计算机通信网络为基础进行信息传递、交流和利用，从而达到社会传播的目的。

网络内容的丰富和网络速度的优化，给用户带来前所未有的感观刺激和互动参与的欲望，因此网络中聚集了庞大的用户群体，给用户带来感观刺激，也给游戏、时尚、服饰、汽车、音乐、体育、影视等多个行业带来了无限商机。例如，国内某即时通信软件在全球拥有超过 12.6 亿用户，集社交、通信、购物、旅游、电子支付等功能为一体，为人们带来了便利的生活，同时也拉动了一系列依托该应用发展的产业。用户在网络上可以随时平等地发布信息、展开讨论、参与互动、交流互助，发挥网络的舆论监督功能。网络新闻也以更丰富、立体、层次化的图文形式呈现给所有的网络用户，信息的传播基本达到了实时、真实和丰满的效果。随着网络技术的不断进步，信息在网络上的传播速度不断加快，网络传输的途径也将不断扩展，给用户提供更加方便、更加个性化的信息服务，吸引越来越多的网上用户。

网络营销传播活动是宣传商品、提高品牌忠诚度的营销手段，它整合了传统媒体与网络媒体、公共关系与个人体验、口碑与流行文化、雇员与氛围之类的泛元素，提供了一套与众多利害关系人互动、沟通的独特方法，具有网络互动性、实时性、个性化、成本低、受众能力强等特点。传播技能的整合是网络整合营销最简单，也最经常使用的一种运用，是指将各种传播方式有机地组合运用，用同一种策略、同一种节奏，作用于消费者的各种感观，达到同一种信息的有效传达。

3. 应用场景的多样性

用户自然信息原本是模拟信号，经过数字化网络高速传输，实现点到点的信息交换。计算机视觉技术是典型的数字化信息应用技术，是一项多学科交叉的研究，包括许多能够以人类思维理解和学习图像的算法，其应用场景如图 9-1 所示。

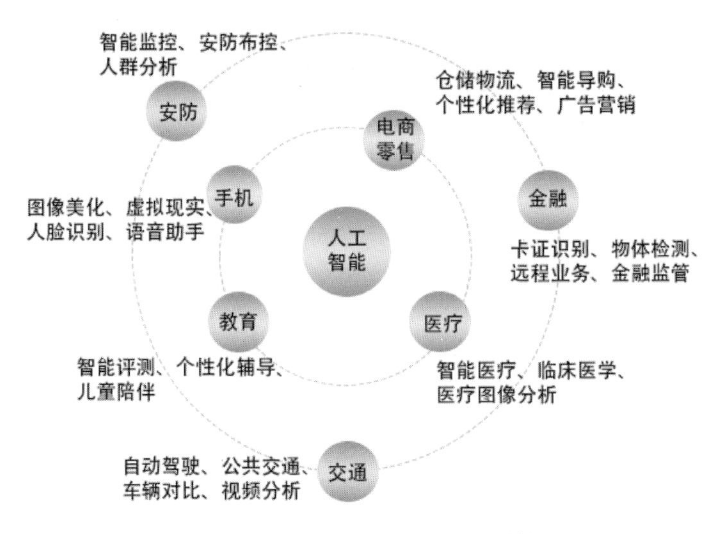

图 9-1　用户信息应用场景的多样性

根据实际场景，计算机视觉技术具有感受环境和模拟人类视觉的功能，综合了图像识别、目标检测、图像检索、目标跟踪等技术。其中，利用计算机视觉技术进行人脸图像检测和分类等的效果已经逐步超过人类视觉，并且识别更精准、快捷，不会出现视觉疲惫。在医学影像识别中，早期食管癌人工检出率为 10%，而 AI 智能技术具有丰富的数据处理经验，可以重点标注影像中的异常点，癌症检出率高达 90%，且速度很快，极大解放了人力。利用计算机视觉技术对日益增长的网络短视频业务进行智能过滤和审核，能够节省 99%的人工和时间成本。一些应用还可以进行危险预警，例如监控建筑工地的不安全行为、未佩戴安全帽、叉车等重型机械工作环境，以减小因人工监管不足引发的危机。新冠肺炎疫情防控期间，计算机视觉技术可以帮助人们监控人群是否遵守社交距离规定以及口罩佩戴情况，也可以帮助人们寻找感染环节和确定患者肺部受损情况，帮助诊断患者的病情。

在购物和零售领域，亚马逊开创了无人售卖商店 Amazon Go，可以自动进行库存管理、货物识别、搭配推荐，以及根据顾客喜好优化商品摆放、防止被盗等。在自动驾驶领域，可以识别驾驶路况、监控驾驶人员状态、推荐优化路径，提供更安全、舒适、节能、高效的智能驾驶体验。在工业生产领域，机器视觉可以用来鉴别物体特征(外形、颜色、字符、条码等)、定位(校正、引导、对位、跟踪、套准等)、测量(点线、间距、3D 尺寸等)和检测(形状、色彩、表面缺陷等)，这些工作的完成要比人眼更高速、精细，结果可重复和存储，可以为工业生产提供重要的参数。

计算机视觉技术还应用于边缘计算领域，对于一些需要实时、快速处理的事件，例如自动驾驶出现紧急状况时，即使计算机和通信网络速度非常快，但也没有时间将数据发送到云端计算，因此要应用边缘计算，就近寻求可提供服务的终端进行处理，这也对网络数据的安全性提出了新的挑战，必然使用户的视频数据受到更严格的审查和监管。

根据全球权威人脸识别比赛(FRVT)的最新报告，由前十名企业千分之一的误报率的识别准确率来看，其平均识别准确率能达到 99.69%，千万分之一误报率的识别准确率超过 99%，意味着机器学习几乎可以做到在 1000 万人的规模下准确识别每一个人。计算机视觉技术在解决识别、检测、分类等问题方面，已经可以超越人类，但它还有很多方面需要改进。

首先，识别效果的改进。计算机视觉技术包括很多可以理解图像的优秀算法，涉及不断优化的算法框架、动态的数据分析流程，甚至摄像头的安装等，每一个工作环节都可能影响识别效果。将计算机视觉技术从实验室可控环境扩展到工业化非可控应用的过程本身就是很大的挑战。

其次，数据集采样的改进。机器学习模型训练需要“饲喂”大规模的优质数据集，而现实生活的应用场景中的数据普遍存在标注不全、不能共享、排序混乱等问题，这导致技术的进步分散在各个企业的各个项目中，难以使行业完成整体跨越。

9.1.2　用户信息需求的差异性

1. 需求主体的差异性

互联网是一个资源共享、开放创新的平台，任何用户都可以通过任何设备在任何时候和任何地方自由登录网络或搜索网络信息，自由浏览、选择、链接并使用自己感兴趣的信息资源和信息服务。在各行各业逐步信息化和网络化的进程中，一方面，用户可以便捷地检索和获取自己所需要的信息，同时也可以迅捷地发布和传播一些信息，这种信息交流的双向传输过程都带有隐式或显式的路由标记，用户身份信息会随着这些信息活动，不可避免地在所有网络节点上留下足迹。另一方面，随着社会信息化和网络化的普及，用户的意识形态、工作模式、生活方式和社交方式都有了很大改变，其信息需求的内容形式和层次也相应革新了。人们越来越渴求互联网上的信息，越来越依赖网络化技术，也越来越重视网络身份安全问题。传统的信息服务模式已经无法满足用户日益增长的信息和技术需求，传统的网络安全技术也必须不断创新，以适应用户需求主体多样性和差异性的特点。

2. 需求内容的差异性

用户需求主体意识形态的多样化导致信息需求的内容也呈现多样化的态势。在无线频谱和光纤通信混合应用的通信时代，用户需求多种多样，例如，金融行业中，金融业务、金融投资、财经新闻和企业报告等都需要国内外经济、政治、科技、教育和文化等各行各业的综合信息来辅助决策；企事业单位需要各种创新技术、市场调研、投资营销和政策法规等信息来产生经济效益和社会效益；文旅娱乐行业，需要人工智能、物流交通、规划管理、纪念品销售、市场预测等信息；工农业生产过程中，需要科学养殖、产品销售、智能制造、调度管理等信息；普通居民的信息需求也涉及购买商品、衣食住行、文化教育、金融支付、网络娱乐等诸多方面。在各学科领域信息需求的驱动下，各行各业都应适时改变观念，与时俱进，在人工智能的洪流下不断革新技术，在信息需求内容的多样性和差异性中寻找突破口，创造社会价值和经济价值。

3. 需求形式的差异性

传统的信息获取途径包括书籍文献、广播电视、课堂学习和互联网等，但网络的普及、网络内容的丰富和智能设备的发展，使人们可以随时随地使用便携电子设备浏览网页、搜索新闻、查阅文献、收发邮件、上传下载和学习娱乐，网络已经成为人们获取信息的重要手段之一。信息环境的改变使信息传播方式和用户获取信息的形式也发生了改变，各种数据库、小视频、线上课程、直播讲解等多媒体信息逐步代替了传统纸质资料、音像资料，不但节约了存储空间和传输成本，而且可以做到远程信息共享。大数据和云计算可以与机器学习协作进行数据收集、数据分析及数据预测等，自动匹配用户的兴趣和需求进行推荐，同时用户可以通过精准搜索、内容推荐和广告营销来获知预测结果。这种信息获取形式的差异性反映了网络信息渠道的日益拓展，也必然对网络信息安全带来巨大的挑战。

4. 需求结构的差异性

用户需求主体的分化、内容的丰富、形式的广泛，必然影响用户信息需求结构的变化。互联网和通信技术对传统经济、文化、教育、工业、农业的渗透，加大了社会对数字化、信息化和网络化的建设，各行各业的社会成员也主动或被动地产生了各种各样的信息需求。例如，高端科技信息需求主要来源于科研部门的人员和管理者，从事企业管理、政府决策、金融管理、农业管理和其他经济工作的用户也需要相关信息。经济信息的受众主要是经济部门和生产部门，但科研部门、政府部门、金融行业和普通用户也会实时关注。当今用户的信息需求不再局限于某类用户或某一学科，从用户信息需求的目的来看，主要有研究型需求、求知型需求、证实型需求、解疑型需求、娱乐型需求等；从信息需求持续的时间来看，有长期的信息需求、短期的信息需求和暂时的信息需求；从信息需求内容的学科范围来看，有专业性信息需求和综合性信息需求；从信息系统的利用情况来看，有网络信息需求和非网络信息需求[84]。因此，随着信息在网络上的共享和传播，不同用户的职业、文化程度、生活背景、年龄、性别等的差异，造成用户的信息需求表现形式和满足方式也有了很大的分化，呈现多维度的结构化差异，相应的用户网络安全性也需要结构化的设计和保障。

9.2　网络信息资源及其共享与保密

9.2.1　网络信息资源

网络信息资源是指以压缩的二进制代码形式存储的电子数据，将文字、图像、声音、视频、资料等多种形式的信息储存在光、磁等非印刷质的介质中，利用计算机和通信网络，平等地进行发布、传递、储存的各类信息资源的总和。网络信息资源具有如下特点。

1. 信息数量巨大

互联网是一个开放的数据传播平台，任何机构、任何人都可以将自己拥有的信息在网络上与他人共享。所以，网络上的信息包罗万象、内容丰富、类型繁多，包括学术信息、商业信息、政府信息、个人信息、娱乐信息、新闻信息等。它不仅给用户提供了较大的信息选择空间，同时也给用户造成了时间和精力的消耗。

2. 信息内容动态变化

由于互联网和通信技术的发展，网络信息可以快速传播到世界各地。很多事件几乎在发生的同一时间就能发布到互联网上，并且可以实时更新动态。因此，与传统文献相比，网络信息可动态变化、快速直观地呈现给用户，而且可根据用户的兴趣随时更新和定制。

3. 信息无序混乱

由于任何机构、个人都可以自由、无限制地在网上发布信息，很多信息来不及整理和审核，因此信息资源杂乱无章，存储混乱，非线性化排列，给用户需求定位增加了一定的难度，也难以使数据价值化。

4. 信息表现形式丰富

互联网上的信息资源表现形式非常丰富，包括声音、图像、文字、照片、视频、音频、商品等，单击一幅图片或一段视频，系统可能会向用户推荐更多该用户可能感兴趣的信息，也可以开拓更多新奇的资源信息形式。

5. 信息资源成本低

大部分网络信息是免费的、零成本的，用户可以搜索大量相关或相近的信息，满足自己的需求。当然，很多关键的应用或信息可能需要付费才能使用，但由于数字信息可分享的人群广泛，因此费用也多在可接受的范围内。

6. 信息的交互性增强

任何机构、个人不仅可以从互联网上获取信息，还可以通过互联网发布信息，各网络平台和应用提供了范围广泛的讨论、交流渠道，如电子论坛、即时聊天应用等。用户在网络上可以找到信息的提供者，也可以找到一些专题讨论小组，通过交流、咨询或互助等方式学习感兴趣的知识或发表自己的见解。

7. 信息资源检索方便

网络信息资源通过超文本链接构成了立体网状文献链，把不同的国家、不同的地域、不同的服务端、不同的文献、不同的用户通过网络节点连接起来，增强了信息点的关联程度。通过各种专用搜索引擎及检索系统，信息检索可以变得方便、快捷，同时记录检索足迹，分析、推荐和开发用户的潜在兴趣。

9.2.2 网络信息资源的共享与保密

随着大数据和互联网业务的飞速发展，信息资源的规模和传播速度日新月异，各行各业都在人工智能模式下产生了迫切的数据需求，促进了各种数据信息的社会共享服务，但同时也给个人隐私安全带来了威胁。众所周知，如果信息共享不足，人们就无法享受信息化社会带来的舒适与便利，但如果信息共享过剩，个人隐私不可避免地会被侵犯和泄露。这使得人们不得不考虑如何平衡信息共享和信息保密之间的平衡，一方面需要确保用户能够享受数据共享带来的生活便利，另一方面还要确保用户的隐私得到很好的保护。网络信息资源的共享与保密在大数据时代之前曾相对平衡，但随着社会信息化和智能化的发展，相对平衡被打破，服务于社会的信息共享程度远远大于个体的隐私保护程度[87]。因此，在未来很长的时间内，网络信息资源的共享与保密都将是一个难以调和的矛盾，主要体现在以下方面。

1. 信息获取技术层出不穷

大数据技术和智能设备的发展，使人们可以通过更多的途径获取和传播信息。无处不在的视频监控、网络追踪、智能设备等持续不断地记录用户生活的方方面面，人们的位置、身份、影像、声音、偏好、行为等隐私信息在互联网上变得透明，可以轻易地被记录、存储、分析和共享，获取信息和共享信息的技术全面压制隐私保护技术。

2. 对数据信息的需求强烈

数据资源是大数据时代最有价值的资源，通过大数据分析，商家可以为用户提供精准的个性化推荐服务，从而获取巨大的商业利益。数据资源通过数据采集平台传输到数据分析公司，利用针对性人工智能算法进行数据分析，分析结果被应用于各种商业场景，可以说数据规模越大，资源就越丰富，能产生的商业利润也越多。在利益的驱使下，大数据技术更倾向于收集和分析更多的数据，而这些数据资源中就包括用户的很多隐私数据。

3. 对公共安全的高度关注

社会的公共安全问题是政府和公民高度关注的问题，而维护公共安全需要掌握公民部分隐私。公共场所的监控设备把大量的用户信息以数据形式收集、存储，经过大数据分析，个人的信息和行为被暴露、预测以确保社会与个体的安全，是世界范围内高效管理社会的有效途径。在安全和隐私的冲突问题中，管理部门出台了很多个人信息管理的政策法规，但信息共享与隐私保护之间仍未达到平衡。

要把信息共享和信息保护的平衡桥梁重新搭好，首先应对两者进行界定。信息共享和信息保密两者的信息界定是不同的，网络上可浏览的文献、视频、图片、音频等，这些信息应共享，是万物互联的基础，是社会信息化和数字化的需要，可以为用户提供便利的社会服务。而用户的密码、指纹、人脸、声音、偏好、商业信息等，这些信息应保密，也称为隐私保护，在监控设备和智能设备普及的信息化社会，应该被重点关注。用户信息的安全性在各行各业都是备受关注的问题，用户往往希望涉及个人隐私或商业利益的信息在网络上传输时可以在保密性、完整性和真实性方面得到保护，这需要网络安全理论和技术的支持。

网络安全是计算机技术、网络技术、密码技术、通信技术、信息安全技术、信息论、统计论等多种学科的交叉学科，它的本质就是网络信息的安全，其一是数据安全，其二是身份安全。数据安全可以通过数据加密、访问控制等方式实现，非授权用户无法访问数据或授权用户无法越权存储数据，但一旦对数据进行保护控制，数据的可扩展性降低，则无法充分发挥大数据集的效能。身份安全就是在网络上保护身份信息，常见的实现方法就是用假名字代替真身份，例如移动通信里的临时移动用户识别码或论坛里的 ID，但这种隐私保护只是条件性的，需要一个假设的可信任者，例如注册某网站，网站运营者会记录用户的真实身份和上网轨迹并且承诺不会泄露，因此，这种隐私保护是相对的并不是绝对的。同时，在视频监控被广泛应用的时代，安全和隐私就成为矛盾体，用户的人脸和行为可能会变成网络违法分子的"钥匙"，可能会给数据安全造成极大损失。但是网络黑客可能会在用户毫不知情的情况下窃取或伪造信息，很多隐私信息在没有授权的情况下就被错传、篡改，这种网络安全问题是危险的、复杂的，需要多个安全技术共同及时解决。

在信息数字化和大数据时代，少量数据信息的价值非常有限，只有相互关联的大量数据，经过数据处理和数据分析等步骤后才变得有价值。机器学习需要大量数据，数据不足会影响学习模型的全面性和鲁棒性，所以信息开放、共享是必须的。但数据安全又是数据应用的前提，越来越多的行业和用户开始关注数据安全和隐私保护。如何解决网络信息共享和信息保密的矛盾呢？这需要用户和网络数据开发者的共同努力，完善技术手段，遵守法规，平衡好隐私保护与数据共享的关系。这里的技术手段包括本书介绍的各种人脸认证算法，以及一些数据处理和管理技术。

9.3　用户信息网络安全技术的发展前景

国家统计局发布的《中华人民共和国 2021 年国民经济和社会发展统计公报》显示，2021 年我国互联网上网人数为 10.32 亿，其中手机上网人数为 10.29 亿，比上年增长 4.4%；互联网的普及率为 73.0%，较上年增长 2.6%，其中农村地区互联网普及率为 57.6%；全年移动互联网用户接入流量为 2216 亿 GB，较上年增长 33.9%。从这些数据可以看出，我国的互联网和移动通信使用人数常年居于世界各国互联网和移动通信使用人数的首位。互联网和移动通信的使用范围逐渐扩大到各行各业，一方面，这为社会创造了极大的经济价值，提高了人们的生活水平；另一方面，互联网技术越来越多地被应用到人们的工作和生活中，网络信息安全也将受到越来越多的威胁。因此，在复杂多变的网络环境中，保证网络安全关乎我国经济的稳定发展，以及国家和人民的切身利益。

物联网是“万物互联”的网络，是互联网的延深与扩展，综合应用各种信息传感器和智能连接设备，实现任何时间、地点、人、机器、物品的信息互联互通，形成对物品智能化识别、定位、跟踪、监控和管理的庞大网络。同时，它可以实时获取大量的数据，这些数据就是大数据分析和机器学习的数据基础。通过压缩存储、传输、访问数据，进行智能数据分析或数据处理，实现检测与控制的智能化，这个过程是信息安全保障发挥作用的过程，同时也是创造经济价值的过程，可以给多个行业带来经济效应，改变人们的生活环境和方式，例如智能交通可以将道路交通环境的实时数据分析作为指挥交通、自动停车、车辆定位、出行路线规划的依据，如图 9-2 所示。

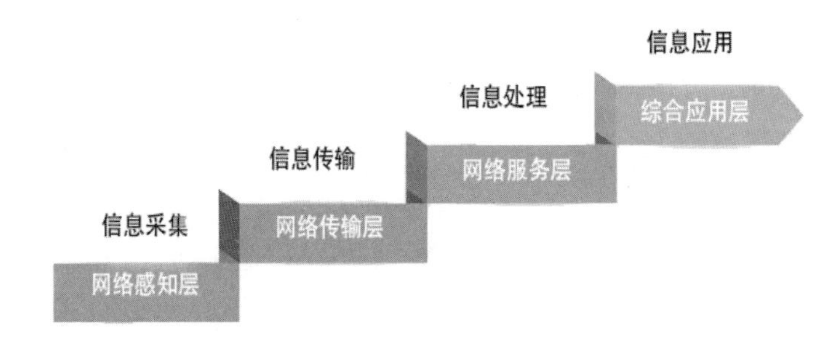

图 9-2　物联网的信息传递流程

人们在享受互联网带来的各种便利的同时，也应该格外重视物联网带来的安全问题，如图 9-3 所示。用户终端、网络设备、存储设备的类型繁多，能力不一、标准不统一、存在或多或少的安全漏洞，非常容易被网络黑客破解和篡改，随之而来的就是个人信息泄露、个人财产丢失或陷入商业纠纷等网络安全事故，会给人们带来巨大的损失。设备与云端通信的过程中，也存在网络安全、数据安全、认证安全、访问安全等问题，依赖运营商提供的安全服务。除此之外，物联网的业务接入场景不同、接入方式不同、安全协议标准不同，传统的网络安全问题在新兴的物联网上依旧严峻，安全需求也更迫切。例如，摄像头被入侵导致隐私泄露、手机被恶意安装软件、智能家居产品不断爆出漏洞等事件，都是利用物联网安全防护的漏洞进行攻击，风险也越来越突出，甚至扩展到政治、经济、文化、社会、国防等领域。随着互联网与实体领域的不断融合，以及政府新基建计划的推广，会有更多的物联网设备、信息系统和服务平台接入互联网，大量的社会和产业资源都将全面数据化，用户信息网络安全防护技术有着广阔的发展前景。

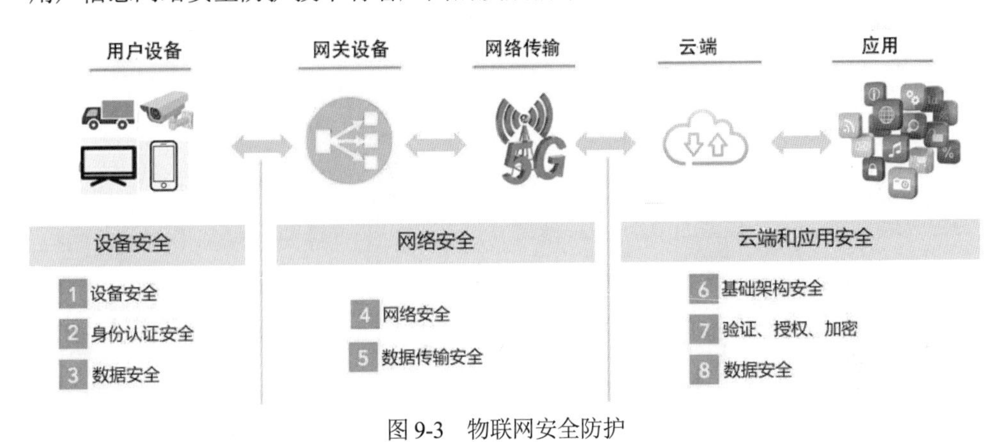

图 9-3　物联网安全防护

1. 人工智能技术的应用

人工智能和机器学习为网络安全提供了大量的技术支持，在主动防护、主动防御和策略配置方面，取得了很好的效果。物联网提供的大数据、深度学习框架的优化、计算机的超强算力都助力人工智能技术的发展，同时，也对网络安全技术的发展有巨大的推动作用。例如，深度神经网络被用于入侵检测、垃圾邮件识别、病毒防护、恶意软件阻断等，取得了不错的成绩。大数据技术可以推动数据的价值化过程，为机器学习提供数据基础，同时数据安全问题也是大数据技术的基础和保障。值得注意的是，运营商们致力于利用人工智能技术改善网络安全，网络黑客们也利用机器学习技术发动网络攻击，在这场没有硝烟的攻防双方的较量中，人工智能技术成为保护网络安全的重要手段，决定了网络安全的未来。

2. 安全防护的意识加强

随着人们对网络安全的重视程度的提高，各种网络安全产品的市场需求不断增加，网络安全产业的范围也不断地扩展。人们逐步认识到安全类软件、技术和产品存在的重要性，并信任安保部门、软件开发者和运营商，加大了网络安全方面的投入。网络用户安全防护意识的增强和政府新基建计划的大力支持，也使运营商和开发者看到了安全行业巨大的市场潜力，加大了对安全软件、安全产品和安全岗位的开发力度，从而使安全产业的市场逐渐扩大。有数据统计，中国网络安全市场的规模逐年增加，2020 年已增长至 531.9 亿元，预计到 2022 年底将达到 704.3 亿元。

3. 安全产品的多元化

信息网络安全技术与许多技术体系都有关联，涉及的内容和产品形式非常多，如防火墙技术、用户信息加密技术、身份认证技术、灾害感知预警技术、杀毒软件、安全性检测软件等。技术的实现手段不同，应用软件的性能不同，不同的运营商所投入的成本、应用方向和市场份额都不同，这就使市场上的安全产品存在多元化发展方向。物联网系统需要很多终端和设备来承载大数据、云计算、人工智能和 5G 通信等技术，因此，各种商业产品和技术不断突破，加速了网络安全技术的发展，并对各行各业产生深远的影响。

随着网络信息规模的日益庞大，网络环境也日益复杂，无论是物联网、人工智能等新兴行业，还是传统的电信网、计算机网络领域，网络安全始终是国家和政府重点发展的战略产业，用户要提升安全意识、应用新产品和新技术，使我国信息网络安全技术得到更好的发展。

9.4 本章小结

本章主要结合用户信息资源的概念和特点，阐述了用户信息资源的多元化趋势、网络信息资源及其共享与保密，以及用户信息网络安全技术的发展前景。用户资源的多元化体现在信息内容、形式、传播途径、需求的多样性，生物体特征的多样性促进了信息安全保护技术的发展，信息网络的安全需要结构化的设计和保障。信息资源的共享与保密在数据驱动型社会中的平衡将是会被持久关注的问题，一方面要确保用户能够享受信息化社会的安全和便利，另一方面还要重点关注用户的隐私安全，这需要用户和网络开发商共同完善技术手段，遵守政策法规，平衡隐私保护和数据共享的矛盾。用户信息网络的安全性在物联网、人工智能等新兴行业尤为重要，需要各种人工智能技术的创新、用户和社会安全意识的增强，以及各种安全产品的研发和突破，以增强用户信息网络的安全性。

参 考 文 献

[1] Turk M, Pentland A. Eigenfaces for Recognition[J]. Journal of Cognitive Neuroscience, 1991, 3(1): 71-86.

[2] Brunelli R, Poggio T. Face Recognition: Features Versus Templates[J]. IEEE Transactions on Pattern Analysis & Machine Intelligence, 1993, 15(10): 1042-1052.

[3] Huang C L, Chen C W. Human Facial Feature Extraction for Face Interpretation and Recognition. Iapr International Conference on Pattern Recognition, 1992: 204-207.

[4] Belhumeur P N, Hespanha J P, Kriegman D J. Eigenfaces Vs. Fisherfaces: Recognition Using Class Specific Linear Projection[J]. IEEE Transactions on Pattern Analysis and Machine Intelligence, 1997, 19(7):711-720.

[5] Wiskott L, Fellous J M, Malsburg C V D. Face Recognition by Elastic Bunch Graph Matching. Intelligent Biometric Techniques in Fingerprint and Face Recognition, 1999: 355-398.

[6] Valentin D, Abdi H, Edelman B, et al. Principal Component and Neural Network Analyses of Face Images: What Can be Generalized in Gender Classification?[J]. Journal of Mathematical Psychology, 1997, 41(4): 398.

[7] Lawrence S, Giles C L, Tsoi A C, et al. Face Recognition: A Convolutional Neural-Network Approach[J]. IEEE Transactions on Neural Networks, 1997, 8(1): 98-113.

[8] Samaria F, Young S. HMM-based Architecture for Face Identification[J]. Image & Vision Computing, 1994, 12(8): 537-543.

[9] Georghiades A S, Belhumeur P N, Kriegman D. From Few to Many: Illumination Cone Models for Face Recognition Under Variable Lighting and Pose[J]. Pattern Analysis & Machine Intelligence IEEE Transactions, 2001, 23(6): 643-660.

[10] Blanz V, Vetter T. Face Recognition based on Fitting A 3D Morphable Model[J]. IEEE Transactions on Pattern Analysis & Machine Intelligence, 2003, 25(9): 1063-1074.

[11] Aharon M, Elad M, Bruckstein A. K-SVD: An Algorithm for Designing Overcomplete Dictionaries for Sparse Representation[J]. IEEE Transactions on Signal Processing, 2006, 54(11): 4311-4322.

[12] Hinton G E, Osindero S, Teh Y W. A Fast Learning Algorithm for Deep Belief Nets[J]. Neural Computation, 2006, 18(7): 1527-1554.

[13] Phillips P J. Support Vector Machines Applied to Face Recognition[J]. Advances in Neural Information Processing Systems, 2001, 11(7): 803-809.

[14] Wright J, Member S, Yang A Y, et al. Robust Face Recognition via Sparse Representation. IEEE Trans. Pattern Analysis and Machine Intelligence, 2009: 210-227.

[15] Yang M, Zhang L, Yang J, et al. Robust Sparse Coding for Face Recognition[J]. IEEE Conference on Computer Vision and Pattern Recognition (CVPR), 2011: 625-632.

[16] Yang M, Zhang L, Yang J, et al. Regularized Robust Coding for Face Recognition[J]. IEEE Transactions on Image Processing A Publication of the IEEE Signal Processing Society, 2013, 22(5): 1753-1766.

[17] Yang M, Song T, Liu F, et al. Structured Regularized Robust Coding for Face Recognition. CCF Chinese Conference on Computer Vision, 2015: 80-89.

[18] Deng W, Hu J, Guo J. Extended SRC: Undersampled Face Recognition via Intraclass Variant Dictionary[J]. IEEE Transactions on Pattern Analysis & Machine Intelligence, 2012, 34(9): 1864-1870.

[19] Deng W, Hu J, Guo J. In Defense of Sparsity based Face Recognition[J]. IEEE Conference on Computer Vision And Pattern Recognition, 2013: 399-406.

[20] Xu Y, Zhu Q, Fan Z, et al. Coarse to Fine K Nearest Neighbor Classifier[J]. Pattern Recognition Letters, 2013, 34(9): 980-986.

[21] Zhang L, Yang M, Feng X C. Sparse Representation or Collaborative Representation: Which Helps Face Recognition?[J]. IEEE International Conference on Computer Vision (ICCV), 2011: 471-478.

[22] Yang W, Wang Z, Yin J, et al. Image Classification Using Kernel Collaborative Representation with Regularized Least Square[J]. Applied Mathematics & Computation, 2013, 222(4): 13-28.

[23] Liu W, Yu Z, Wen Y, et al. Multi-Kernel Collaborative Representation for Image Classification[J]. IEEE International Conference on Image Processing, 2015: 21-25.

[24] Li R, Zhang Q, Gao Z, et al. Multiple Kernel Collaborative Representation based Classification[J]. IEEE International Conference on Signal Processing, 2017: 826-831.

[25] Wei C P, Chao Y W, Yeh Y R, et al. Locality-Sensitive Dictionary Learning for Sparse Representation based Classification[J]. Pattern Recognition, 2013, 46(5): 1277-1287.

[26] Zhou W. Sparse Representation for Face Recognition based on Discriminative Low-rank Dictionary Learning[J]. IEEE Conference on Computer Vision and Pattern Recognition (CVPR), 2012: 2586-2593.

[27] Lu X, Yuan Y, Yan P. Alternatively Constrained Dictionary Learning for Image Superresolution[J]. IEEE Transactions on Cybernetics, 2014, 44(3): 366-377.

[28] Ou W, You X, Tao D, et al. Robust Face Recognition via Occlusion Dictionary Learning[J]. Pattern Recognition, 2014, 47(4): 1559-1572.

[29] Yang M, Van L, Zhang L. Sparse Variation Dictionary Learning for Face Recognition with a Single Training Sample Per Person[J]. IEEE International Conference on Computer Vision, 2013: 689-696.

[30] Xu Y, Li X, Yang J, et al. Integrate The Original Face Image and Its Mirror Image for Face Recognition[J]. Neurocomputing, 2014, 131(7): 191-199.

[31] Zhang H, Wang F, Chen Y, et al. Sample Pair based Sparse Representation Classification for Face Recognition[J]. Expert Systems With Applications, 2016,

45(C): 352-358.

[32] Wu X, Li Q, Xu L, et al. Multi-feature Kernel Discriminant Dictionary Learning for Face Recognition[J]. Pattern Recognition, 2017, 66(C): 404-411.

[33] Sun Y, Wang X, Tang X. Deep Convolutional Network Cascade for Facial Point Detection[J]. Computer Vision and Pattern Recognition, 2013: 3476-3483.

[34] Zhang Z, Luo P, Loy C C, et al. Learning Deep Representation for Face Alignment with Auxiliary Attributes[J]. IEEE Transactions on Pattern Analysis & Machine Intelligence, 2016, 38(5): 918-930.

[35] Candes E J, Romberg J, Tao T. Robust Uncertainty Principles: Exact Signal Reconstruction from Highly Incomplete Frequency Information[J]. 2006: 489-509.

[36] Kang C, Liao S, Xiang S, et al. Kernel Sparse Representation with Local Patterns for Face Recognition[J]. IEEE International Conference on Image Processing, 2011: 3009-3012.

[37] Yang W, Wang Z, Yin J, et al. Image Classification Using Kernel Collaborative Representation with Regularized Least Square[J]. Applied Mathematics & Computation, 2013, 222(4): 13-28.

[38] Goodfellow I, Bengio Y, Courville A. 深度学习[M]. 赵申剑，黎彧君，符天凡，等译. 北京：人民邮电出版社，2017.

[39] He R, Hu B G, Zheng W S, et al. Two-stage Sparse Representation for Robust Recognition on Large-scale Database[J]. Twenty-Fourth AAAI Conference on Artificial Intelligence, 2010: 475-480.

[40] 杜杏菁，郭明雄. 人脸识别中遮挡区域恢复算法研究[J]. 计算机科学，2013，40(5)：307-310.

[41] 朱明旱，李树涛，叶华. 基于稀疏表示的遮挡人脸表情识别方法[J]. 模式识别与人工智能，2014(8)：708-712.

[42] Andrés A M, Padovani S, Tepper M, et al. Face Recognition on Partially Occluded Images Using Compressed Sensing[J]. Pattern Recognition Letters, 2014, 36(1): 235-242.

[43] Zhao Z Q, Cheung Y M, Hu H, et al. Corrupted and Occluded Face Recognition via Cooperative Sparse Representation[J]. Pattern Recognition, 2016, 56(C): 77-87.

[44] Yu Y F, Dai D Q, Ren C X, et al. Discriminative Multi-scale Sparse Coding for Single-sample Face Recognition with Occlusion[J]. Pattern Recognition, 2017, 66: 302-312.

[45] Yang X, Wang Z, Wu H, et al. Stable and Compact Face Recognition via Unlabeled Data Driven Sparse Representation-based Classification[J]. 2021, Arxiv: 2111. 02847.

[46] Li Y L, Feng J. Reconstruction based Face Occlusion Elimination for Recognition[J]. Neurocomputing, 2013, 101(3): 68-72.

[47] Su Y, Shan S, Chen X, et al. Adaptive Generic Learning for Face Recognition from a Single Sample Per Person[J]. IEEE Conference on Computer Vision and Pattern Recognition, 2010: 2699-2706.

[48] 马炎. 小样本人脸图像识别研究[D]. 南京：南京信息工程大学，2011.

[49] Yang M, Zhang L, Zhang D. Efficient Misalignment-robust Representation for Real-time Face Recognition[M]. Springer Berlin Heidelberg, 2012.

[50] 李月龙，孟丽，封举富，等. 基于光照补偿空间的鲁棒人脸识别[J]. 中国科学：信息科学，2013，43(11)：1398-1409.

[51] Liu W Y, Yu Z, Lu L, et al. KCRC-LCD: Discriminative Kernel Collaborative Representation with Locality Constrained Dictionary for Visual Categorization[J]. Pattern Recognition, 2014, 48(10): 3076-3092.

[52] 马晓，庄雯璟，封举富. 基于带补偿字典的松弛稀疏表示的小样本人脸识别[J]. 模式识别与人工智能，2016，29(5)：439-446.

[53] Deng J L,Jia Y J, Wei X, et al. Difference Dictionary Face Recognition Applied to Small Samples[J]. Computer Engineering and Design, 2020.

[54] 白帆. 基于字典扩展的稀疏表示鲁棒人脸识别算法研究[D]. 秦皇岛：燕山大学，2016.

[55] Mokhayeri F, Granger E. A Paired Sparse Representation Model for Robust Face Recognition from a Single Sample[J]. Pattern Recognition, 2020, 100.

[56] 万立志，张运楚，葛浙东，等. 基于孪生神经网络的小样本人脸识别[J]. 山东建筑大学学报，2022，37(1)：79-85.

[57] Wang D, Lu H. Object Tracking via 2DPCA and Regularization[J]. IEEE Signal Processing Letters, 2012, 19(11): 711-714.

[58] Zheng C H, Hou Y F, Zhang J. Improved Sparse Representation with Low-Rank Representation for Robust Face Recognition[M]. Elsevier Science Publishers B. V., 2016: 114-124.

[59] Wu J S, Zhou Z H. Sequence-based Prediction of Microrna-Binding Residues in Proteins Using Cost-Sensitive Laplacian Support Vector Machines[J]. IEEE/ACM Transactions on Computational Biology & Bioinformatics, 2013, 10(3): 752-759.

[60] Lu J, Tan Y P. Cost-Sensitive Subspace Learning for Face Recognition[C]. Computer Vision and Pattern Recognition, 2010: 2661-2666.

[61] Lu J, Tan Y P. Cost-Sensitive Subspace Analysis and Extensions for Face Recognition[J]. IEEE Transactions on Information Forensics & Security, 2013, 8(3): 510-519.

[62] 杨萌，马小虎，张哲来. 代价敏感的局部判别嵌入人脸识别算法[J]. 计算机辅助设计与图形学学报，2015(7)：1304-1312.

[63] 万建武，杨明，吉根林，等. 一种面向人脸识别的加权代价敏感局部保持投影[J]. 软件学报，2013(5)：1155-1164.

[64] Zhang G Q, Sun H, Ji Z, et al. Cost-Sensitive Dictionary Learning for Face Recognition[J]. Pattern Recognition, 2016, 60(C): 613-629.

[65] Wan J W, Yang M, Chen Y. Discriminative Cost Sensitive Laplacian Score for Face Recognition[J]. Neurocomputing, 2015, 152: 333-344.

[66] Li H X, Zhang L, Huang B, et al. Sequential Three-way Decision and Granulation for Cost-Sensitive Face Recognition[J]. Knowledge-Based Systems, 2016, 91(C): 241-251.

[67] Wan J, Chen Y, Bai B. Joint Feature Extraction and Classification in a Unified Framework for Cost-Sensitive Face Recognition[J]. Pattern Recognition, 2021, 115(10):107927.

[68] Fan Z, Ni M, Zhu Q, et al. Weighted Sparse Representation for Face Recognition[J]. Neurocomputing, 2015, 151(1): 304-309.

[69] Peng Y, Ganesh A, Wright J, et al. RASL: Robust Alignment by Sparse and Low-rank Decomposition for Linearly Correlated Images[J]. IEEE Transactions on Pattern Analysis And Machine Intelligence, 2012, 34(11): 2233-2246.

[70] Liu Y, Ge S S, Li C, et al. K-NS: A Classifier By the Distance to the Nearest Subspace[J]. IEEE Transactions on Neural Networks, 2011, 22(8): 1256.

[71] Naseem I, Togneri R, Bennamoun M. Linear Regression for Face Recognition[J]. IEEE Transactions on Pattern Analysis & Machine Intelligence, 2010, 32(11): 2106.

[72] Li T, Zhang Z. Robust Face Recognition via Block Sparse Bayesian Learning[J]. Mathematical Problems In Engineering, 2013(2): 717-718.

[73] Scholkpf B, Smola A, et al. Nonlinear Component Analysis as a Kernel Eigenvalue Problem[J]. Neural Computation, 1998, 10(5): 1299-1319.

[74] Ying W, He L, Shi P . Face Recognition Using Difference Vector Plus KPCA[J]. Digital Signal Processing, 2012, 22(1):140-146.

[75] 张燕昆，刘重庆. 基于核独立成分分析的人脸识别[J]. 光学技术，2004，30(5)：613-615.

[76] 陈玉山，席斌. 基于核独立成分分析和 BP 网络的人脸识别[J]. 计算机工程与应用，2007，43(26)：230-232.

[77] Wang D, Lu H C, Yang M H. Kernel Collaborative Face Recognition[J]. Pattern Recognition, 2015, 48(10): 3025-3037.

[78] Chen W S, Zhao Y, Pan B, et al. Supervised Kernel Nonnegative Matrix Factorization for Face Recognition[J]. Neurocomputing, 2016, 205(C): 165-181.

[79] Huang K K, Dai D Q, Ren C X, et al. Learning Kernel Extended Dictionary for Face Recognition[J]. IEEE Transactions on Neural Networks & Learning Systems,

2017, 28(5): 1082.

[80] Liu J, Zhuang B, Zhuang Z, et al. Discrimination-Aware Network Pruning for Deep Model Compression[J]. IEEE Transactions on Pattern Analysis and Machine Intelligence, 2021, PP(99):1-1.

[81] 马晓，张番栋，封举富. 基于深度学习特征的稀疏表示的人脸识别方法[J]. 智能系统学报，2016，11(3)：279-286.

[82] 刘怀飙. 基于稀疏表示和特征学习的单样本亲属关系认证算法研究[D]. 秦皇岛：燕山大学，2016.

[83] Zhong Y Y, Deng W, Hu J, et al. Sface: Sigmoid-Constrained Hypersphere Loss for Robust Face Recognition[J]. IEEE Transactions on Image Processing, 2021, PP(99):1-1.

[84] 何星辰. 卷积神经网络与 caffe 卷积层、池化层. https://blog.csdn.net/u013989576/article/details/70154421.

[85] 覃岚. 图书馆用户信息需求多元化的服务策略[J]. 河北职业教育，2008，4(6)：85-86.

[86] 林琳. 盘点 2019 年占主导地位的 10 种人工智能技[J]. 计算机与网络，2020，46(3)：2.

[87] 董淑芬，李志祥. 大数据时代信息共享与隐私保护的冲突与平衡[J]. 南京社会科学，2021(5)：9.

附录A 缩略语

缩略语	英语解释	中文解释
AI	Artificial Intelligence	人工智能
ACM	Active Contour Model	有效轮廓模型
BSC	Block Sparse based Classification	结构稀疏分类
CD	Confirmation Dictionary	确认字典
CNN	Convolutional Neural Networks	卷积神经网络
CSFV_LEP	Cost Sensitive Face Verification based on Limited Expression-pose Pattern	基于限定表情动作模式的代价敏感人脸认证
DBN	Deep Belief Network	深度信念网络
DD	Discrimination Dictionary	辨识字典
DL	Deep Learning	深度学习
DLD	Deep Local Dictionary	深层局部字典
DSRC	Downsampled SRC	下采样稀疏表示
EP	Expression-pose Pattern	动作表情模块
FM	Feature Map	特征地图
FR	Face Recognition	人脸识别
FSV	Face Security Verification	人脸安全验证
GAN	Generative Adversarial Networks	生成式对抗网络
GMM	Gaussian Mixture Model	高斯混合模型
HMM	Hidden Markov Model	隐马尔可夫模型

(续表)

缩略语	英语解释	中文解释
ICCV	IEEE International Conference on Computer Vision	IEEE 计算机视觉国际会议
IPICC	Image Processing and Intersection based Clustering Combination	图像处理和基于交集聚类组合
JKCR	Joint Kernel Collaborative Representation	联合核协同表示
KCR	Kernel Collaborative Representation	核协同表示
KCRMR	Kernel Collaborative Representation based Manifold Regularized	核协同流形正则化表示
KICA	Kernel Independent Component Analysis	核独立成分分析
KPCA	Kernel Principal Components Analysis	核主成分分析算法
KSR	Kernel Sparse Representation	核稀疏表示
LCD	Locality Constrained Dictionary	局部约束字典
LDAM	Latent Dirichlet Allocation Model	隐含狄利克雷分配模型
LH_ESRC	Low-rank and HOG Feature based Extended SRC	基于低秩和 HOG 特征的扩展 SRC
LRC	Linear Regression based Classification	线性回归分类
ML	Machine Learning	机器学习
MLP	Multi-layer Perception	多层感知机
NBC	Naive Bayes Classifier	朴素贝叶斯分类器
NMF	Nonnegative Matrix Factorization	非负矩阵分解
NSC	Nearest Subspace based Classification	最近邻子空间分类
PCA	Principal Component Analysis	主成分分析
RASL	Robust Alignment by Sparse and Low-rank Decomposition	基于稀疏和低秩分解的鲁棒对齐
RBF	Radial Basis Function	高斯径向基函数

(续表)

缩略语	英语解释	中文解释
RBM	Restricted Boltzmann Machine	受限玻尔兹曼机
ReLU	Rectified Linear Unit	整流线性单元
RERs	Recognition Error Rates	识别错误率
RNN	Recurrent Neural Network	循环神经网络
RNN	Recursive Neural Network	递归神经网络
RR	Reject Rate	拒绝率
RRC	Regularized Robust Coding	正则化鲁棒编码
RSC	Robust Sparse Coding	鲁棒稀疏编码
SCFG	Stochastic Context-free Grammar	随机上下文无关文法
SGD	Stochastic Gradient Descent	随机梯度下降
SGMA	Sample Group and Misplaced Atom dictionary	样本组错位原子字典
SRC	Sparse Representation for Classification	稀疏表示分类方法
SSS	Single Sample Size	单样本
SVD	Singular Value Decomposition	奇异值分解
TRN	Training Sample Number	训练样本数
VOD&IR	Varying Occlusion Detection and Iterative Recovery	可变遮挡探测和迭代恢复的识别
WCD	Weighted CD	加权确认字典
WDD	Weighted DD	加权辨别字典
WJKCR	Weighted and Joint Kernel Collaborative Representation	联合加权核协同表示
WSRC	Weighted SRC	加权稀疏表示